应用型高等学校"十四五"规划教材

嵌入式与接口技术

主编 李乳演 刘智珺 谢桂辉

U0193910

华中科技大学出版社

中国·武汉

内 容 简 介

STC15F2K60S2 系列单片机在处理能力、外设接口、速度、功耗、抗干扰能力以及编程方式等方面都表现出色,是一款很优秀的单片机产品,广泛应用于各种嵌入式系统和智能设备中。本书以 STC15F2K60S2 单片机为主线,讲述嵌入式系统的发展、单片机的内部结构、C51 语言程序设计、I/O 口、中断系统、定时器/计数器、串行通信及总线接口。本书侧重接口的应用,通过模块化搭建应用系统,提升学生的学习兴趣,引导学生通过实践应用理论知识,培养解决复杂工程问题的能力。

本书适合作为普通高校计算机科学与技术、电子信息工程、通信工程、机电类等专业的教材,亦可作为工程开发人员的参考读物。此外,本书同样适合作为蓝桥杯电子类竞赛的教学参考资料。

图书在版编目(CIP)数据

嵌入式与接口技术 / 李乳演,刘智珺,谢桂辉主编. -- 武汉:华中科技大学出版社,2024.6. -- ISBN 978-7-5680-9110-7

Ⅰ.TP36

中国国家版本馆 CIP 数据核字第 2024DP1681 号

嵌入式与接口技术
Qianrushi yu Jiekou Jishu

李乳演　刘智珺　谢桂辉　主编

策划编辑:范　莹
责任编辑:范　莹
封面设计:原色设计
责任校对:陈元玉
责任监印:周治超
出版发行:华中科技大学出版社(中国·武汉)　　电话:(027)81321913
　　　　　武汉市东湖新技术开发区华工科技园　　邮编:430223
录　　排:武汉市洪山区佳年华文印部
印　　刷:武汉市洪林印务有限公司
开　　本:787mm×1092mm　1/16
印　　张:11.25
字　　数:300 千字
版　　次:2024 年 6 月第 1 版第 1 次印刷
定　　价:42.00 元

前　　言

　　嵌入式系统自其萌芽,历经了微控制器、嵌入式操作系统以及嵌入式处理器等多个演变,现已深入汽车、家电、工业机械、通信设备及消费电子等多个领域,并成为推动社会科技与经济进步的重要技术之一。其技术已涵盖硬件设计、软件开发及网络通信等多个方面。随着应用场景的不断演变,教学内容也需要与时俱进,以确保学生未来能够适应行业需求。

　　嵌入式系统的学习涉及多个专业的知识,如计算机科学、电子信息、自动化控制等。如何将这些跨学科的知识有效地整合在一起,形成完整的教学体系,是当前教学面临的一大难题。

　　本书采用国产的宏晶 STC15F2K60S2 单片机,相比传统 51 单片机,STC15F2K60S2 单片机可以提供更丰富的接口,很适合学生学习接口技术,更利于构建各种应用系统。编者一直关注行业的发展与技术的更新,在应用场景中以“智能小车控制”为应用实例,以丰富的教学内容,扩展与智能控制相关的应用,将实现的功能与知识有效结合起来,形成以“应用为导向”的教学方式。

　　(1)教学内容重新梳理。本书内容包括嵌入式系统概述、STC15F2K60S2 单片机的硬件结构和原理、C51 语言程序设计与开发环境、I/O 口应用、中断系统、定时器/计数器及应用、串行口通信、系统总线扩展、应用系统综合训练等。

　　(2)精选教学案例。本书主要聚焦于真实、生动、有深度的教学实践案例,设计了两条案例路线:其一,点亮 LED 灯,围绕数码管显示、控制、数据通信等展开案例,便于教师在课堂教学过程中演示,同时方便学生使用仿真平台实践;其二,通过控制智能小车的实践之旅,围绕智能小车设计的扩展案例,让学生在课下学会知识的迁移,利用所学知识搭建自己的具有特色功能的智能小车。智能小车的功能多种多样,如无人驾驶、自动避障、智能导航等,可以让学生感受到知识的力量与魅力。案例实践可以提升当代大学生的创新思维和实践能力,以满足新工科背景下解决复杂工程问题的能力需求。

　　(3)注重循序渐进的学习方式,模块化搭建系统。每个章节会完成一个简单的小模块,教学内容由浅及深,最后完成一个功能复杂的系统。例如,在智能小车系统的搭建中,I/O 口用于控制前进后退、中断系统用于实现按键启动及避障、定时器用于实现 PWM 调速、串行口用于实现无线遥控。本书的设计案例,前后贯穿,渐进式实践应用,学生每学完一个模块的内容就能实现相应的功能,不仅可提高学生的学习兴趣,还可让学生提升成就感。

　　(4)以赛促学,这是一种独特而高效的学习方式。本书结合蓝桥杯大赛(电子赛)单片机赛道的知识要求和能力要求,将学科竞赛作为学习的重要载体,引导学生在学科竞赛中取得成绩,提升未来就业的专业能力。在每章的结尾,都设有练习题,旨在帮助学生巩固所学知识,并引导他们主动思考和探索。

　　本书由李乳演、刘智珺、谢桂辉担任主编,张海勇老师参与第 8 章的编写。在编写本书的过程中,很荣幸能够获得计算机系各位老师的无私援助。他们凭借深厚的专业知识和丰富的经验,为本书的编写提供了无尽的支持,并协助确立了教材的大纲。在与老师们的深入交流中,我们逐渐把握了教材的核心要点与难点,明确了如何以更加清晰、生动的方式向读者呈现教材内容。得益于他们的悉心指导,我们逐步构建了一个全面且系统的教材框架,确保了教材内容的连贯性与完整性。

由于作者水平有限,书中难免存在错误和不妥之处,恳请读者批评指正。

编　者

2024 年 3 月于武汉

目　　录

第 1 章　嵌入式系统概述

学习目标

◇ 了解嵌入式的基本概念。
◇ 了解嵌入式系统的发展及应用。
◇ 理解嵌入式的组成和程序执行的流程。
◇ 了解常见的嵌入式处理器。
◇ 掌握二进制数字表示、不同数值之间的转换,以及数字编码方法。

知识点思维导图

　　嵌入式系统遍布于生活的各个领域,包括消费电子、汽车、航空、医疗设备、工业控制等。通过嵌入式系统的学习和应用,可以开发出解决实际问题的创新产品,例如智能穿戴设备、智能家居系统等。嵌入式系统涉及电子信息、计算机科学、自动化控制等多个专业的知识。学习嵌入式系统不仅要理解硬件和软件的知识,还需要具备系统的思维方式,能够整合各种资源来解决复杂的问题。

1.1　嵌入式系统简介

　　嵌入式系统(embedded system)是为了特定应用而专门构建的且将信息处理过程和物理过程紧密结合为一体的专用计算机系统。关于嵌入式系统的定义有很多,简单来说,嵌入式系统以应用为中心,以计算机技术为基础、软硬件可裁剪,以满足应用场景对功能、体积、功耗、成本、可靠性等要求的专用计算机系统。

　　嵌入式系统是随着 20 世纪 70 年代微型计算机的出现而诞生的,目前主要应用于军事、自动化、医疗、通信、工业控制、消费电子、交通运输等领域。

　　嵌入式系统的开发和设计需要涉及硬件设计、嵌入式软件开发、实时操作系统、通信协议等领域的知识。嵌入式系统与通用型计算机系统相比具有以下特点。

　　(1) 专用性强。嵌入式系统是针对特定应用的专门系统,它通常被用于执行特定的任务或控制特定的设备,因此在设计和开发过程中,可以针对特定的需求进行定制化设计。与通用型计算机系统相比,嵌入式系统的功能更加专一,性能更加专注。

　　(2) 实时性强。许多嵌入式系统对外来事件要求在限定的时间内及时做出响应,具有实时性。嵌入式系统常用于控制和监测任务,例如工业自动化、医疗设备、交通系统等,这些对于实时性要求非常高。为了实现强实时性,嵌入式系统通常采用特定的软件设计和硬件设计技术,例如实时操作系统(RTOS)和硬件加速器等。

　　(3) 软硬件依赖性强。嵌入式系统的专用性决定了其软硬件的相互依赖性很强,两者必须协同设计,以达到共同实现预定功能的目的,并满足性能、成本和可靠性等方面的严格要求。

（4）处理器专用。嵌入式系统的处理器一般是为某一特定目的和应用而专门设计的。通常具有功耗低、体积小和集成度高等优点，能够将许多在通用型计算机系统上需要由板卡完成的任务和功能集成到芯片内部，从而有利于嵌入式系统的小型化和增强了移动能力。

（5）多种技术紧密结合。嵌入式系统通常集成了多种技术，如计算机技术、微电子技术、通信技术和控制技术等。

（6）运行环境差异大。嵌入式系统的运行环境复杂多样。在汽车、航空航天和工业应用中，嵌入式系统必须能够承受剧烈的振动和冲击而不损坏；某些嵌入式系统需要在户外或恶劣环境中工作，因此必须具备防水防尘能力；一些嵌入式系统配备环境监控传感器，可以根据周围环境条件自动调整其工作参数，以提高性能和可靠性。

（7）比通用型计算机系统资源少。通用型计算机系统有很多的系统资源，可轻松完成各种工作，嵌入式系统由于是专门用来执行很少的几个确定任务，所以它所能管理的资源比通用型计算机系统少很多。

（8）功耗低、体积小、集成度高、成本低。将嵌入式系统嵌入对象体中，对对象环境和嵌入式系统自身有严格的要求。一般来说，嵌入式系统具有功耗低、体积小、集成度高、成本低等特点。嵌入式系统通常采用低功耗的处理器、集成电路和节能技术，以及紧凑的硬件布局和优化的软件算法。此外，嵌入式系统还可以利用集成电路的封装技术、模块化设计和标准化接口等方法，以降低制造成本和维护成本。

1.2　嵌入式系统的发展与应用

嵌入式系统的发展可以追溯到上世纪 70 年代，当时嵌入式系统主要用于工业控制系统中，以硬件逻辑电路为主，软件部分较少。随着计算机技术和通信技术的发展，嵌入式系统逐渐发展成为以微处理器为核心的智能系统，具有更强的计算能力和更复杂的软件功能。

1.2.1　嵌入式系统的发展

一般认为，嵌入式系统的发展大致经历了四个阶段。

第一阶段：以单板机为核心的嵌入式系统。早期的嵌入式系统起源于微型计算机，但微型计算机的价格、体积都不能满足嵌入式的应用需求。随着集成电路的发展，缩小了计算机的体积，计算机朝着微型化发展。将微型计算机中的 CPU、存储器、内存和串并行端口等芯片放在单个电路板上，构成一台单板计算机，也称为单板机。这个时期的嵌入式系统价格相对较高，主要用于工业或军事中。

第二阶段：以单片机为核心的嵌入式系统。20 世纪 80 年代，随着微电子工艺的发展，部分厂商寻求单片机的形态的嵌入式系统的体系结构。这一阶段主要以单片机为核心。将微处理器、I/O 口、串行口及一定量的 RAM 和 ROM 集中到一块大规模集成电路中，制成单片计算机，也就是单片机。软件在无操作系统阶段，通过汇编或 C 语言实现系统的功能。这阶段的主要特点是系统结构和功能相对单一，计算能力有限、存储空间相对较小。

第三阶段：以多类嵌入式处理器和嵌入式操作系统为核心的嵌入式系统。进入 20 世纪 90 年代，嵌入式进一步加速发展。以 ARM、MIPS、Power PC 等为代表涌现出各种不同类型的低功耗、高性能的嵌入式处理器。这一阶段主要以嵌入式微型处理器为基础,以简单操作系统为核心。面对嵌入式应用实时性的要求,嵌入式系统软件也在不断发展,形成了多任务的实时操作系统(RTOS)。嵌入式的操作系统提供了应用程序接口(API),同时可以根据硬件剪裁、扩展功能,具备了文件管理、设备管理等功能,方便了应用程序的开发。嵌入式除了在工业、军事领域外,在机顶盒、家用电器、移动终端等产品中也广泛应用。

第四阶段:网络化智能化的嵌入式系统。21 世纪以来,微电子技术、互联网技术等不断推动嵌入式系统的发展。嵌入式处理器的内存容量不断扩大,I/O 口资源丰富,运算速度加快。嵌入式设备具有了接入互联网的能力,具备蓝牙、Wi-Fi、RFID、GPRS 和 4G 接口,可以通过与云端的连接,实现更高级的功能和服务。软件上,嵌入式实时操作系统添加了网络协议栈、支持各种通信功能,实现智能化。嵌入式系统广泛应用于自动驾驶汽车、智能家居控制、工业控制等。

1.2.2 嵌入式系统的应用

嵌入式系统在当下生活中的应用非常广泛,应用于汽车电子、工业自动化、医疗设备、家电产品、电信系统、物联网设备、国防等领域,常见的有医疗设备、智能家电、智能手机、智能穿戴设备等。

汽车电子:嵌入式系统在汽车中扮演着重要的角色,例如发动机控制单元(ECU)、车载娱乐系统、导航系统等。新能源汽车的智能识别模块提供了实时控制、通信和信息处理能力。

工业自动化:嵌入式系统在工业自动化中用于实时监测、控制及管理工业设备。例如,可编程逻辑控制器(PLC)用于控制生产线上的机械设备,以及监控和管理传感器数据。

医疗设备:医疗设备中广泛使用嵌入式系统,用于监测患者的生命体征、控制和管理医疗设备,例如心脏起搏器、血压监测器、医疗影像设备等。

家电产品:家电产品中的嵌入式系统使得设备具有更智能化的功能和更好的用户体验。例如,智能电视、智能冰箱、智能洗衣机等都使用嵌入式系统来实现各种功能和联网能力。

智能手机和平板电脑:嵌入式系统是智能手机和平板电脑的核心。它们提供了高性能的处理器、内存、通信和图形处理能力,使得设备能够运行复杂的应用程序和游戏。

物联网设备:物联网设备是连接互联网的智能设备,例如智能家居设备、智能城市设备、智能穿戴设备等。嵌入式系统在物联网设备中提供了连接、通信和数据处理的功能。

军事和航空航天:嵌入式系统在军事和航空航天领域中应用广泛。例如,无人机、导弹、雷达等都使用嵌入式系统来实现控制、通信和信息处理等功能。

总之,嵌入式系统在各个领域中都扮演着重要的角色,为设备和系统提供了高效、智能、可靠的控制和处理能力。随着技术的发展,嵌入式系统的应用领域将会继续扩大和深化。

1.3 嵌入式系统的组成

嵌入式系统内部可以对外部数字或模拟接口采集的信息进行计算处理,也可以通过人机接口输入的命令对数据进行加工和计算,并将计算结果通过外部接口输出,以控制受控对象,或者反馈给操作者,嵌入式系统的基本工作原理如图 1-1 所示。

图 1-1　嵌入式系统的基本工作原理

通常情况下，嵌入式系统由嵌入式处理器、相关支撑硬件、嵌入式操作系统、支撑软件以及应用软件组成。基于微处理器的嵌入式系统的硬件组成如图 1-2 所示。

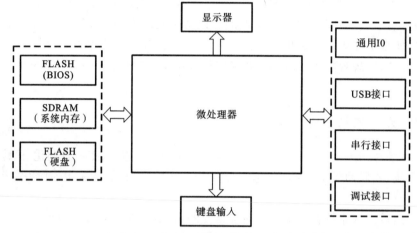

图 1-2　嵌入式系统的硬件组成

（1）嵌入式处理器。嵌入式处理器是嵌入式系统的核心，是控制、辅助系统运行的硬件单元。

（2）相关支撑硬件。相关支撑硬件是指除了嵌入式处理器以外的构成系统的其他硬件，包括存储器、定时器、总线、I/O 口以及相关专用硬件。

（3）嵌入式操作系统。嵌入式操作系统是指运行在嵌入式系统中的基础软件，主要用于管理计算机资源和应用软件。与通用操作系统不同，嵌入式操作系统应具备实时性、可剪裁性和安全性等特性。

（4）支撑软件。支撑软件是指为应用软件与运行提供公共服务、软件开发、调试能力的软件，支撑软件的公共服务通常运行在操作系统之上，以库的方式被应用软件所引用。

（5）应用软件。应用软件是指为完成嵌入式系统的某一特定目标所开发的软件。

1.4　微机的工作过程

计算机采用"存储程序"的工作方式，即事前把程序加载到计算机的存储器中，在启动运行后，计算机便自动进行工作。

程序是由一系列指令组成的有序集合，描述了处理器需要执行的任务和操作。当执行程序时，处理器会按照指令的顺序依次执行。每条指令执行时，会完成特定的操作，如数据处理、控制流程、存储器访问等。指令的执行结果会影响后续指令的执行。指令的执行过程分为取指令、分析指令、读取操作数、执行指令、保存结果。

　　不同的 CPU,指令系统不同。假设有一条指令"LDA　23",描述这条指令的执行过程如图 1-3 所示。

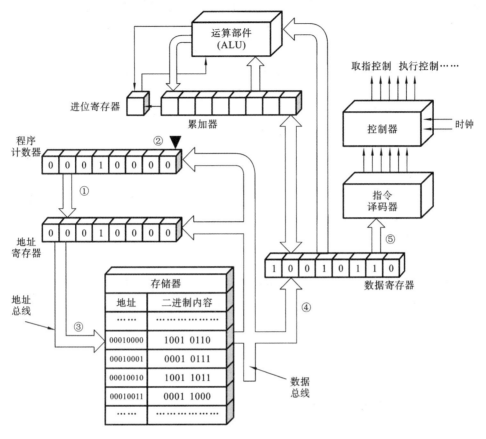

图 1-3　指令执行过程

　　假设程序存放在起始地址为 00010000B(16)的存储单元中,地址 16 和地址 17 存放着指令"LDA　23",其中"LDA"为操作码,"23"为操作数的地址。程序运行时,程序计数器(PC)中的内容为 00010000B(16),将 16 送到地址寄存器,程序计数器(PC)自动加 1 为 17,做好下一字节的准备;接着 16 被放入地址总线上,存储器通过地址译码找到对应存储单元里的内容,将 10010110B 操作码送到数据总线;操作码经数据总线装入数据寄存器,然后再装入指令译码器,经过译码,得到"装入"操作。此时,程序计数器(PC)中的内容已是 17,地址 17 送入地址寄存器,程序计数器(PC)中的数值自动加 1,地址 17 放入地址总线,找到操作数地址 23;因为 23 为直接寻址,所以取出 23 地址单元中的操作数 7 放到数据总线上,再装入数据寄存器中,经数据寄存器将操作数 7 装入累加器。至此,一条指令"LDA　23"执行完毕。

1.5　嵌入式处理器

　　嵌入式处理器分为嵌入式微控制器、嵌入式微处理器、嵌入式数字信号处理器和嵌入式片上系统。

嵌入式微控制器，俗称单片机，就是微型版的计算机系统。嵌入式微控制器一般以某种微处理器内核为核心，芯片内部集成串行口、I/O 口、定时/计数器等必要功能和外设。代表产品有 Intel 公司的 MCS-51/96 系列、TI 公司的 MSP430 系列、ST（意法半导体）公司的 STM32 系列、国产宏晶科技 STC15 系列等。

嵌入式微处理器，是由通用计算机中的 CPU 演变而来的，与计算机处理器不同的是，在实际嵌入式应用中，只保留和嵌入式应用有关的母板功能，这样可以大幅减小系统体积和功耗。为了满足嵌入式应用的特殊要求，在工作温度、抗电磁干扰、可靠性等方面一般都做了各种增强。主要的嵌入式处理器类型有 ARM、MIPS、Power PC 系列等。

嵌入式数据信号处理器，是专门用于信号处理方面的处理器，其在系统结构和指令算法方面进行了特殊设计，在数字滤波、FFT、谱分析等各种仪器上获得了大规模应用。目前最为广泛应用的嵌入式数据信号处理器是 TI 的 TMS320C2000/C6000 系列、Motorola 的 DSP56x 和国产中国电子科技集团公司第十四研究所的"华睿"、中国电子科技集团公司第三十八研究所的"魂芯"等。

嵌入式片上系统，将某种特定应用的嵌入式系统几乎完整地集成在一个芯片上，包括模拟、数字或射频等功能。软件包含嵌入式操作系统、实用软件工具组件，能够用高级语言或硬件描述语言实现复杂的功能。嵌入式片上系统的硬件规模庞大，通常采用基于 IP 设计的模式，需要软硬件协同设计。嵌入式片上系统产品有三星的 Exynos 系列、联发科技的 MTK6 系列、国产华为海思的 Kirin 系列等。

1.6 常用数制与编码

各种数据及非数据信息在进入计算机前必须转换成二进制数或二进制编码。本节将介绍计算机中常用的数值和编码，以及数据在计算机中的表示方法。

1.6.1 数制

数制是表示数值的一种方法，常见的数制包括十进制、二进制和十六进制等。数制间的转换是将一个数在不同的数制之间进行转换的过程。

十进制（decimal）：是最常用的进制，基数是 10，有 10 个数字符号，即 0、1、2、3、4、5、6、7、8、9。十进制数的标志为 D，如（1250）D。

二进制（binary）：计算机运算时所采用的数制，基数是 2，只有 0 和 1 两个数字符号。二进制的标志位为 B，如（1001010）B。

十六进制（hexadecimal）：十六进制的基数是 16，有 16 个数字符号，即 0～9、A～F。十六进制数的标志位为 H，如（4563）H。

在计算机领域，二进制和十六进制是常用的数制。二进制适合于表示计算机内部的数据，而十六进制则更加简洁，方便人类阅读和书写。数制间的转换在计算机编程和数字电路设计中会经常使用。

1.6.2 不同数制之间的转换

任意数制之间可以相互转换,但整数部分和小数部分必须分别进行。在单片机的设计中,一般情况下使用整数,本书中主要讨论整数的情况。各进制的相互转换关系如图 1-4 所示。

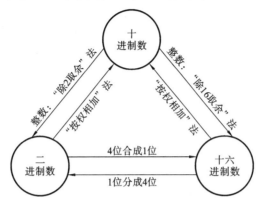

图 1-4 各进制的相互转换关系

1. 其他进制转换为十进制

其他进制转换为十进制的方法是"按权相加"。

【例 1-1】 将 01010001B 转化为十进制数。

解 $01010001B=0×2^7+1×2^6+0×2^5+1×2^4+0×2^3+0×2^2+0×2^1+1×2^0=81D$

"按权相加"是一种数学表示法,用于将数字按照其位权展开相乘,以便转换为十进制形式。在某进制计数制中,各位数字符号所表示的数值是该数字符号值乘以一个与数字符号有关的常数,这个常数称为"位权"或简称"权"。位权的大小是以基数为底,数字符号所处位置的序号为指数的整数次幂。

2. 十进制转换为其他进制

十进制转换为其他进制可以采用降幂法或乘除法。下面以十进制转化为二进制数为例说明,其他进制类似。

十进制转二进制:将十进制数逐位除以 2,得到的余数就是二进制的对应位,再将商继续除以 2,直到商为 0 为止,将得到的余数倒序排列即为二进制数。

【例 1-2】 将十进制数 35 转化为二进制数。

解 所以,35D＝100011B。

1.6.3 计算机常用的编码

计算机只能识别 0 和 1 两种状态,因此,计算机处理的任何信息必须以二进制形式表示。计算机编码是一种将字符和符号转换为二进制数字的方法。计算机编码有多种不同的标准和方案,每种编码都有自己的规则和映射表。常见的编码方案包括 ASCII(american standard code for information interchange,美国信息交换标准代码)、GBK(汉字内码扩展规范)、UTF-8 (8 位元,universal character set/unicode transformation format)等。

1. ASCII

标准的 ASCII 码使用 7 位二进制数(0～127)表示 128 个字符,包括 26 个大写字母、26 个小写字母、数字 0～9、标点符号以及一些控制字符。扩展 ASCII 码是在基本 ASCII 码的基础上进行的,使用 8 位二进制数表示 256 个字符。扩展 ASCII 码包含了基本 ASCII 码中的字符,并添加了更多的特殊字符、货币符号、国际字母、图形符号等。ASCII 码主要用于微机与外设通信,当微机与 ASCII 码制的键盘、打印机及 CRT 等连用时,均以 ASCII 码形式进行数据传输。标准 ASCII 码对照表如表 1-1 所示。

表 1-1 标准 ASCII 码对照表

$d_3d_2d_1d_0$ 位	$0d_6d_5d_4$ 位							
	000	001	010	011	100	101	110	111
0000	NUL	DLE	SPACE	0	@	P	`	p
0001	SOH	DC1	!	1	A	Q	a	q
0010	STX	DC2	"	2	B	R	b	r
0011	ETX	DC3	#	3	C	S	c	s
0100	EOT	DC4	$	4	D	T	d	t
0101	END	NAK	%	5	E	U	e	u
0110	ACK	SYN	&	6	F	V	f	v
0111	BEL	ETB	'	7	G	W	g	w
1000	BS	CAN	(	8	H	X	h	x
1001	HT	EM	)	9	I	Y	i	y
1010	LF	SUB	*	:	J	Z	j	z
1011	VT	ESC	+	;	K	[	k	{
1100	FF	FS	,	<	L	\	l	|
1101	CR	GS	—	=	M	]	m	}
1110	SO	RS	•	>	N	ˆ	n	~
1111	SI	US	/	?	O	_	o	DEL

2. GBK

GBK 主要用于汉字的编码,包括简体字和繁体字,采用双字节编码。它是中国国家标准 GB2312 的扩展,覆盖了中文常用字符以及一些生僻字。GBK 编码可以同时兼容 ASCII 字符和 GB2312 字符集,因此可以在同一个编码中同时表示英文字符和汉字。GBK 编码在计算机领域中被广泛使用,尤其是在中国。

3. UTF-8

UTF-8 是一种可变长的编码方式,可以表示 Unicode 字符集中的任意字符,几乎可以表示世界上所有的书写字符。UTF-8 编码在互联网上非常常见,它也是许多现代文本编辑器和 Web 浏览器默认使用的编码。

课后习题

1. 简述嵌入式系统有哪些特点。
2. 简述嵌入式系统的发展阶段。
3. 观察生活中的智能产品,哪些属于嵌入式系统?
4. 简述微机的工作过程。
5. 嵌入式系统由_____、相关支撑硬件、嵌入式操作系统、支撑软件及_____组成。
6. 程序以( )形式存放在程序存储器中。

A. 汇编程序　　　　B. C 源程序　　　　C. BCD 编码　　　　D. 二进制编码

7. ( )一般以某种微处理器内核为核心,芯片内部集成串行口、I/O、定时/计数器等必要功能和外设。代表产品有 Intel 的 MCS-51/96 系列。

A. MCU　　　　B. EDSP　　　　C. GPU　　　　D. SoC

8. 将下列十六进制数转换成二进制和十进制。

(1) 5AH;　　　(2) 2CH;　　　(3) 12BEH;　　　(4) 0AE7.D2H。

第2章　STC15F2K60S2 单片机的硬件结构和原理

学习目标

◇ 了解单片机的内部结构。

◇ 理解存储器的作用,掌握 STC15F2K60S2 的存储结构。

◇ 掌握 51 单片机引脚的功能、I/O 接口的作用。

◇ 理解时序概念及时钟的使用方法。

◇ 掌握复位电路和复位操作。

知识点思维导图

STC 系列单片机是深圳宏晶科技有限公司研发的基于 8051 内核的新一代增强型单片机,指令代码兼容传统 8051 单片机的指令代码。STC 系列单片机具有低功耗、抗干扰、高性能、易学易用等特点,采用了基于闪速存储器的在线系统编程(ISP)技术,无需仿真器或专用编程器就可以进行单片机应用系统的开发。

STC 系列单片机包括 STC89 系列、STC12 系列、STC15 系列等多个型号。其中,STC89 系列单片机采用基于 8051 内核的架构,具有较强的通用性和可扩展性,属于基本配置;STC12/15 系列单片机增加了 PWM、A/D 转换和 SPI 等接口模块,一个机器周期仅为一个时钟,适用于高性能嵌入式系统开发。在工程应用中,应根据控制系统的实际需求选择合适的单片机,资源应尽可能地满足系统的需求,且要减少外部接口电路,保证应用系统具有最高的性价比和可靠性。

2.1　STC15F2K60S2 单片机的基本组成及特性

STC15F2K60S2 系列单片机是 STC 生产的单时钟/机器周期(1 T)的单片机,是高速、高可靠、低功耗、超强抗干扰的新一代 8051 单片机,加密性超强,指令代码完全兼容传统 8051 单片机,但速度比传统 8051 单片机快 7～12 倍。STC15F2K60S2 单片机的基本结构框图如图 2-1 所示。

STC15F2K60S2 单片机有如下功能部件和特性。

(1)增强型 8051CPU,单时钟/机器周期,即所谓的 1 T 单片机,速度比传统 8051 单片机快 7～12 倍。

(2)大容量 2048 B 片内 RAM 数据存储器,包括常规的 256 B RAM 和内部扩展的 1792 B XRAM。

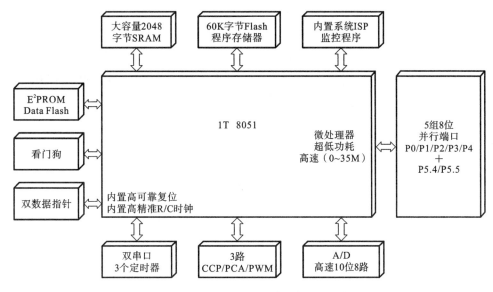

图 2-1 STC15F2K60S2 单片机基本结构框图

(3) 大容量片内 E^2PROM,可擦写 10 万次以上。

(4) 8/16/24/32/40/48/56/60/61/63.5 KB 片内 Flash 程序存储器,可擦写 10 万次以上。

(5) 高速 ADC,8 通道 10 位,速度可达 30 万次/秒。3 路 PWM 还可当 3 路 D/A 使用。

(6) 3 通道捕获/比较单元(CCP/PCA/PWM):可实现 3 个定时器或 3 个外部中断(支持上升沿/下降沿中断)或 3 路 D/A 转换器。

(7) 可实现 6 个定时器:2 个 16 位可重装载定时器 T0 和 T1,兼容普通 8051 单片机的定时器,新增了一个 16 位的定时器 T2,3 路 CCP/PCA 可再实现 3 个定时器。

(8) 2 组高速异步串行通信端口(UART1/UART2),可在 5 组管脚之间进行切换,分时复用时可作 5 组串行接口使用。

(9) 1 组高速同步串行通信端口(SPI),针对多串行接口的通信/电机控制的干扰场合。

(10) 硬件看门狗。

(11) 宽电压:5.5 V~3.8 V,2.4 V~3.6 V(STC15L2K60S2 系列)。

(12) 不需要外部复位的单片机。ISP 编程时有 8 级复位门槛电压可选,是内置高可靠复位电路。

(13) 不需要外部晶振的单片机,内部集成高精度 R/C 时钟,ISP 编程时内部时钟从 5 MHz~35 MHz 可设,可彻底省掉外部昂贵的晶振。

(14) 低功耗设计:低速模式,空闲模式,掉电模式(可由外部中断或内部掉电唤醒)。

(15) ISP/IAP,在系统可编程/在应用可编程,无需编程器/仿真器。

STC15F2K60S2 系列的单片机可以与传统 8051 单片机兼容,但它的功能更强大,片内资源更丰富。STC15F2K60S2 系列单片机的命名规则如图 2-2 所示。

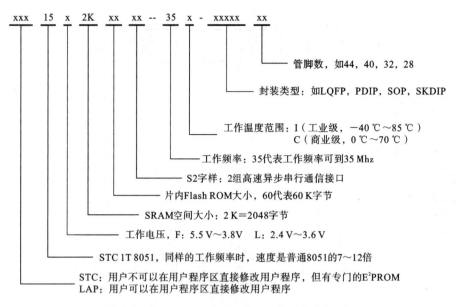

图 2-2　STC15F2K60S2 系列单片机的命名规则

2.2　STC15F2K60S2 单片机的内部结构

2.2.1　内部结构组成

STC15F2K60S2 系列单片机中包含中央处理器(CPU)、程序存储器(Flash)、数据存储器(SRAM)、定时器/计数器、I/O 口、高速 A/D 转换、看门狗、高速异步串行通信口(UART)、CCP/PWM/PCA 模块、高速同步串行端口(SPI)、片内高精度 R/C 时钟及内部高可靠复位电路等模块。STC15F2K60S2 系列单片机几乎包含数据采集和控制中所需的所有单元模块,可称得上是一个片上系统。其内部结构如图 2-3 所示。

2.2.2　CPU 结构

单片机的中央处理器(CPU)是单片机的控制中心,它负责解析和执行指令,控制外部设备,进行运算处理,使得单片机能够完成各种任务和实现各种功能。CPU 由运算器和控制器组成。

1. 运算器

运算器由算术/逻辑运算部件(ALU)、累加器(ACC)、寄存器 B、暂存器(TMP1,TMP2)和程序状态字寄存器(PSW)组成。它所完成的任务是实现算术与逻辑运算、位变量处理与传送等操作。

累加器(ACC),又记为 A,用于向 ALU 提供操作数和存放运算结果。在进行一系列计算时,ACC 会保存当前的总和或其他累积结果,这样可以连续地对其更新而不需要每次操作都将结果写回主存储器。ACC 是 CPU 中使用最频繁的寄存器。

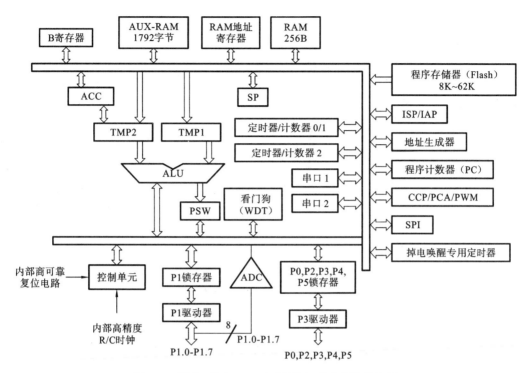

图 2-3　STC15F2K60S2 系列单片机的内部结构框图

寄存器 B 专为乘法运算和除法运算设置的寄存器,用于存放乘法运算和除法运算的操作数与运算结果。对于其他指令,可作为普通寄存器使用。

程序状态字寄存器(PSW)用来保存 ALU 运算结果的特征和处理状态,这些特征和状态可以作为控制程序转移的条件,供程序判别和查询。表 2-1 中罗列了 PSW 各位的名称和地址。

表 2-1　PSW 各位的名称和地址

地址	B7	B6	B5	B4	B3	B2	B1	B0	复位值
D0H	CY	AC	F0	RS1	RS0	OV	F1	P	00000000

各位说明如下。

CY:进位标志位。进行加法运算或减法运算,当最高位 B7 位有进位或借位时,CY 为 1,反之为 0。

AC:进位辅助位。进行加法运算或减法运算,当 B3 位有进位或借位时,AC 为 1,反之为 0。AC 可以方便 BCD 码加法运算、减法运算的调整。

F0:用户标志位。

RS1、RS0:工作寄存器组的选择位。

OV:溢出标志。

F1:保留位。

P:奇偶标志位。该标志位始终体现 ACC 中 1 的个数的奇偶性。如果 ACC 中 1 的个数为奇数,则 P 置 1;当 ACC 中 1 的个数为偶数(包括 0)时,P 位为 0。

2. 控制器

控制器是 CPU 的指挥中心,由指令寄存器(IR)、指令译码器(ID)、定时及控制逻辑电路以及程序计数器(PC)等组成。

STC15F2K60S2 系列单片机里的 PC 是一个 16 位的计数器,PC 里面存放着下一个要执行指令的内存地址。在处理器的每个指令周期开始时,程序计数器的当前值用来从内存中获取下一条指令。一旦指令被读取,程序计数器的值就会自动增加,以指向下一条顺序执行的指令。对于大多数指令集来说,这意味着程序计数器的值会增加用于匹配下一条指令的地址。如果执行的是一个跳转或分支指令(如条件分支、无条件跳转、函数调用等),程序计数器就会被更新为指令中指定的新地址,而不是简单地自动增加,并允许程序执行非顺序控制流操作。程序计数器是确保计算机程序按正常顺序执行以及正确实现跳转和循环等控制流结构的关键部分。

指令寄存器(IR)用于保存当前正在执行的指令。指令从程序存储器取出后,传送到指令寄存器(IR)中。指令内容包含操作码和地址码两部分,操作码送到指令译码器(ID),并形成相应的控制信号;地址码通过不同的寻址模式来定位和获取操作数。

2.3 STC15F2K60S2 单片机的外部引脚及功能

2.3.1 STC15F2K60S2 单片机的外部引脚

STC15F2K60S2 单片机有 LQFP-44、LQFP-32、PDIP-40、SOP-28 等封装形式,图 2-4 描述了 LQFP-44 的实物图(a)和封装引脚图(b),图 2-5 描述了 PDIP-40 的实物图(a)和封装引脚图(b)。

STC15F2K60S2 单片机的 LQFP-44 封装有更多的引脚,意味着单片机提供了额外的功能或更多的 I/O 端口。PDIP-40 是双列直插封装,可以手工焊接,比较适合初学者。下面以 PDIP-40 封装为例介绍 STC15F2K60S2 单片机的引脚功能,从其封装引脚图中可以看出,除了电源正极 V_{CC}、电源负极 GND 外,其他引脚都可以作为 I/O 端口。因此,STC15F2K60S2 单片机不需要外围电路,只需要电源就是一个单片机最小系统。

1) 电源引脚 V_{CC} 和 GND

V_{CC}(18 脚):电源正极端,为+5 V。

GND(20 脚):电源负极,接地端。

2) 输入/输出端口 P0、P1、P2 和 P3

P0 端口(P0.0~P0.7,1 脚~8 脚):可以做通用的 I/O 端口,也可以复用为地址(address)和数据(data)总线使用。

P0 端口通常具有以下特点。

(1) 准双向 I/O 端口:P0 端口通常可以被配置为输入或输出端口,通过向其相应的寄存器写入数据来控制端口的状态。

(2) 开漏输出:P0 端口一般是开漏设计的,这意味着如果你想使用它作为输出端口,则需

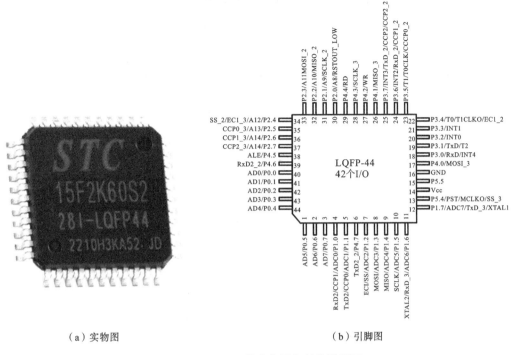

（a）实物图　　　　　　　　　　　（b）引脚图

图 2-4　LQFP-44 的实物图和封装引脚图

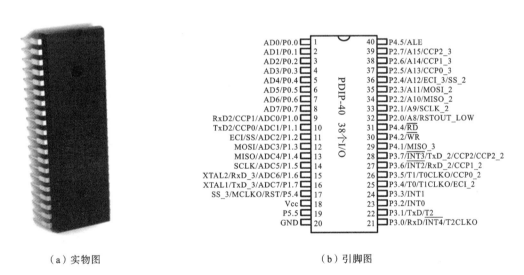

（a）实物图　　　　　　　　　　　（b）引脚图

图 2-5　PDIP-40 的实物图和封装引脚图

要外接上拉电阻，以便当输出逻辑低电平时，外部电路可以通过上拉电阻拉到高电平。

（3）可作为地址和数据总线：在 8051 单片机架构中，P0 端口通常还有一个特殊的功能，它可以用作外部存储器的地址和数据总线。当访问外部存储器时，P0 端口可以输出低 8 位的地址或数据。

（4）位寻址：8051 单片机的 I/O 端口通常都支持位寻址，这意味着你可以直接操作 P0 端口上的单独位，这在某些特定的应用中非常有用。

P1 端口(P1.0~P1.7,9 脚~16 脚):可以用作通用的 I/O 端口,还可以用作 A/D 转换通道使用。P1 端口类似于 P0 端口,也是准双向口,可以位寻址。表 2-2 列出了 P1 端口的管脚及功能说明。

表 2-2　P1 端口的管脚及功能说明

管脚号	管脚名称	功能说明
9	P1.0/ADC0/CCP1/RxD2	P1.0:标准 I/O 端口
		ADC0:ADC 输入通道 0
		CCP1:外部信号捕获(频率测量或当外部中断使用)、高速脉冲输出及脉宽调制输出通道 1
		RxD2:串行口 2 的数据接收端
10	P1.1/ADC1/CCP0/TxD2	P1.1:标准 I/O 端口
		ADC1:ADC 输入通道 1
		CCP0:外部信号捕获(频率测量或当外部中断使用)、高速脉冲输出及脉宽调制输出通道 0
		TxD2:串行口 2 的数据发送端
11	P1.2/ADC2/SS/ECI	P1.2:标准 I/O 端口
		ADC2:ADC 输入通道 2
		SS:SPI 同步串行接口的从机选择信号
		ECI:CCP/PCA 计数器的外部脉冲输入脚
12	P1.3/ADC3/MOSI	P1.3:标准 I/O 端口
		ADC3:ADC 输入通道 3
		MOSI:SPI 同步串行接口的主出从入
13	P1.4/ADC4/MISO	P1.4:标准 I/O 端口
		ADC4:ADC 输入通道 4
		MISO:SPI 同步串行接口的主入从出
14	P1.5/ADC5/SCLK	P1.5:标准 I/O 端口
		ADC5:ADC 输入通道 5
		SCLK:SPI 同步串行接口的时钟信号
15	P1.6/ADC6/RxD_3/XTAL2	P1.6:标准 I/O 端口
		ADC6:ADC 输入通道 6
		RxD_3:串行口 1 的数据接收端
		XTAL2:内部时钟电路反相放大器的输出端,接外部晶振的其中一端。当直接使用外部时钟源时,此引脚可浮空,此时 XTAL2 实际将 XTAL1 输入的时钟进行输出

管脚号	管脚名称	功能说明
16	P1.7/ADC7/TxD_3/XTAL1	P1.7:标准 I/O 端口
		ADC7:ADC 输入通道 7
		TxD_3:串行口 1 的数据发送端
		XTAL1:内部时钟电路反相放大器的输入端,接外部晶振的其中一端。当直接使用外部时钟源时,此引脚是外部时钟源的输入端

P2 端口(P2.0～P2.7,32 脚～39 脚):可以用作通用的 I/O 端口,也可以复用为地址(address)总线使用,以及其他接口功能。表 2-3 列出了 P2 端口的管脚及功能说明。

表 2-3　P2 端口的管脚及功能说明

管脚号	管脚名称	功能说明
32	P2.0/A8/RSTOUT_LOW	P2.0:标准 I/O 端口
		A8:外接存储器时,用作地址第 8 位
		RSTOUT_LOW:上电后,输出低电平,在复位期间也是输出低电平,用户可使用软件将其设置为高电平或低电平,如果要读外部状态,则可将该端口先置高电平后再读
33	P2.1/A9/SCLK_2	P2.1:标准 I/O 端口
		A9:外接存储器时,用作地址第 9 位
		SCLK_2:SPI 同步串行接口的时钟信号
34	P2.2/A10/MISO_2	P2.2:标准 I/O 端口
		A10:外接存储器时,用作地址第 10 位
		MISO_2:SPI 同步串行接口的主入从出
35	P2.3/A11/MOSI_2	P2.3:标准 I/O 端口
		A11:外接存储器时,用作地址第 11 位
		MOSI_2:SPI 同步串行接口的主出从入
36	P2.4/A12/ECI_3/SS_2	P2.4:标准 I/O 端口
		A12:外接存储器时,用作地址第 12 位
		ECI_3:CCP/PCA 计数器的外部脉冲输入脚
		SS_2:SPI 同步串行接口的从机选择信号
37	P2.5/A13/CCP0_3	P2.5:标准 I/O 端口
		A13:外接存储器时,用作地址第 13 位
		CCP0_3:外部信号捕获(频率测量或当外部中断使用)、高速脉冲输出及脉宽调制输出通道 0

管脚号	管脚名称	功能说明
38	P2.6/A14/CCP1_3	P2.6:标准 I/O 端口
		A14:外接存储器时,用作地址第 14 位
		CCP1_3:外部信号捕获(频率测量或当外部中断使用)、高速脉冲输出及脉宽调制输出通道 1
39	P2.7/A15/CCP2_3	P2.7:标准 I/O 端口
		A15:外接存储器时,用作地址第 15 位
		CCP2_3:外部信号捕获(频率测量或当外部中断使用)、高速脉冲输出及脉宽调制输出通道 2

P3 端口(P3.0～P3.7,21 脚～28 脚):可以用作通用的 I/O 端口,还可以用于一些其他功能。表 2-4 列出了 P3 端口的管脚及功能说明。

表 2-4　P3 端口的管脚及功能说明

管脚号	管脚名称	功能说明
21	P3.0/RxD/$\overline{INT4}$/T2CLKO	P3.0:标准 I/O 端口
		RxD:串行口 1 的数据接收端
		$\overline{INT4}$:外部中断 4,只能下降沿中断,支持掉电唤醒
		T2CLKO:T2 的时钟输出,可通过设置 INT_CLKO[2]位/T2CLKO 将该管脚配置为 T2CLKO
22	P3.1/TxD/T2	P3.1:标准 I/O 端口
		TxD:串行口 1 的数据发送端
		T2:定时器/计数器 2 的外部输入
23	P3.2/INT0	P3.2:标准 I/O 端口
		INT0:外部中断 0,支持掉电唤醒
24	P3.3/INT1	P3.3:标准 I/O 端口
		INT1:外部中断 1,支持掉电唤醒
25	P3.4/T0/T1CLKO/ECI_2	P3.4:标准 I/O 端口
		T0:定时器/计数器 0 的外部输入
		T1CLKO:定时器/计数器 1 的时钟输出,可通过设置 INT_CLKO[1]位/T1CLKO 将该管脚配置为 T1CLKO,也可对 T1 脚的外部时钟输入进行分频输出
		ECI_2:CCP/PCA 计数器的外部脉冲输入脚
26	P3.5/T1/T0CLKO/CCP0_2	P3.5:标准 I/O 端口
		T1:定时器/计数器 1 的外部输入

管脚号	管 脚 名 称	功 能 说 明
26	P3.5/T1/T0CLKO/CCP0_2	T0CLKO:定时器/计数器 0 的时钟输出,可通过设置 INT_CLKO[0]位/T0CLKO 将该管脚配置为 T0CLKO,也可对 T0 脚的外部时钟输入进行分频输出
		CCP0_2:外部信号捕获(频率测量或当外部中断使用)、高速脉冲输出及脉宽调制输出通道 0
27	P3.6/$\overline{INT2}$/RxD_2/CCP1_2	P3.6:标准 I/O 端口
		$\overline{INT2}$:外部中断 2,只能下降沿中断,支持掉电唤醒
		RxD_2:串行口 1 的数据接收端
		CCP1_2:外部信号捕获(频率测量或当外部中断使用)、高速脉冲输出及脉宽调制输出通道 1
28	P3.7/$\overline{INT3}$/TxD_2/CCP2/CCP2_2	P3.7:标准 I/O 端口
		$\overline{INT3}$:外部中断 3,只能下降沿中断,支持掉电唤醒
		TxD_2:串行口 1 的数据发送端
		CCP2:外部信号捕获(频率测量或当外部中断使用)、高速脉冲输出及脉宽调制输出通道 2
		CCP2_2:外部信号捕获(频率测量或当外部中断使用)、高速脉冲输出及脉宽调制输出通道 2

3)P4 和 P5 端口

与传统的 8051 单片机不同,P4 和 P5 端口可以用作一般的输入/输出端口,还可以复用功能。P4、P5 端口的管脚及功能说明如表 2-5 所示。

表 2-5 P4、P5 口的管脚及功能说明

管脚号	管 脚 名 称	功 能 说 明
29	P4.1/MISO_3	P4.1:标准 I/O 端口
		MISO_3:SPI 同步串行接口的主入从出(主机的输入和从机的输出)
30	P4.2/$\overline{WR}$	P4.2:标准 I/O 端口
		$\overline{WR}$:外部数据存储器写脉冲
31	P4.4/$\overline{RD}$	P4.4:标准 I/O 端口
		$\overline{RD}$:外部数据存储器读脉冲
40	P4.5/ALE	P4.5:标准 I/O 端口
		ALE:地址锁存允许

管脚号	管脚名称	功能说明
17	P5.4/RST/MCLKO/SS_3	P5.4:标准 I/O 端口
		RST:复位脚(高电平复位)
		MCLKO:输出的频率可为 MCLK/1、MCLK/2、MCLK/4;主时钟可以是内部 R/C 时钟,也可是外部输入的时钟或外部晶体振荡产生的时钟,MCLK 是指主时钟频率
		SS_3:SPI 同步串行接口的从机选择信号
19	P5.5	P5.5:标准 I/O 端口

注意:STC15F2K60S2 单片机内部接口的外部输入、输出引脚可以通过编程进行切换,上电或复位后,默认功能引脚的名称以原功能状态名称表示,切换后引脚状态的名称在原功能名称的基础上加一下画线和序号,如 RXD 和 RXD_2,RxD 为串行口 1 默认的数据接收端,RxD_2 为串行口 1 切换后(第 1 组切换)的数据接收端名称,其功能同串行口 1 的串行数据接收端。

2.3.2　并行 I/O 工作模式

STC15F2K60S2 单片机的所有 I/O 端口都有 4 种工作模式,分别是准双向口、推挽输出、仅为输入(高阻状态)与开漏模式。每个端口的工作模式由 PnM1 和 PnM0($n=0,1,2,3,4,5$)两个寄存器的相应位来控制。比如 P1M1 和 P1M0 可以配置 P1 的工作模式,P1M1.7 和 P1M0.7 可以配置管脚 P1.7 的工作模式。单片机复位后,所有的 I/O 端口均为准双向口模式。如果要改变 I/O 的工作模式,可以参考表 2-6 所列的进行设置。

表 2-6　I/O 端口工作模式的设置

寄存器		I/O 端口工作模式
PnM1[0:7]	PnM0[0:7]	
0	0	准双向口:传统 8051 单片机模式
0	1	推挽输出:强上拉输出,可达 20 mA,使用时要外接限流电阻
1	0	仅为输入(高阻状态)
1	1	开漏:内部上拉电阻断开,要外接上拉电阻才可以拉高。此模式可用于 5 V 器件和 3 V 器件电平切换

1. 准双向口

准双向口是一种特殊的输入/输出端口配置。在单片机应用中,准双向口常用于需要输入和输出功能的场合。例如,通过准双向口读取传感器的数据或控制外部设备的状态。由于准双向口的特性,作为输入使用时,必须先向该端口写 1(置输入方式),然后才能正确读取数据。

P0～P5 端口都包含一个 8 位的锁存器(特殊功能寄存器),因此,在数据输出时具有锁存功能,在重新输出新的数据之前,口线上的数据一直保持不变,但对于输入信号不锁存,所以外设输入的数据必须保持到取数指令执行为止。在准双向口读外部状态前,要先锁存为"1",才可以读到外部正确的状态。图 2-6 描述了准双向口工作模式下 I/O 的电路结构。

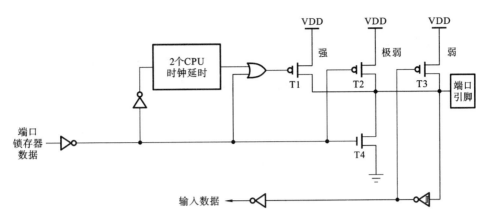

图 2-6 准双向口工作模式下 I/O 的电路结构

2. 推挽输出

推挽输出工作模式下,I/O 端口输出的下拉结构、输入电路结构与准双向口模式是一致的,不同的是,推挽输出工作模式下 I/O 端口的上拉是持续的"强上拉",推挽模式一般用于需要更大驱动电流的情况。图 2-7 描述了推挽输出工作模式下 I/O 的电路结构。

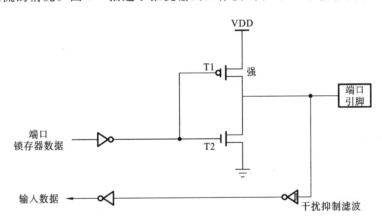

图 2-7 推挽输出工作模式下 I/O 的电路结构

当从端口引脚上输入数据时,也必须先向端口锁存器置"1",使 T 截止。

3. 仅为输入(高阻状态)

仅为输入(高阻状态)模式下,输入口带有一个施密特触发输入以及一个干扰抑制电路。可以直接从端口引脚读入数据,而不需要先对端口锁存器置"1"。图 2-8 描述了仅为输入(高阻状态)工作模式下 I/O 的电路结构。

图 2-8 仅为输入(高阻状态)工作模式下 I/O 的电路结构

4. 开漏

开漏工作模式下,既可以读外部状态,也可以对外输出。当输出时,下拉结构与准双向口输出的一致,输入电路与推挽输出的一致。如要正确读外部状态需要对外输出高电平,则需外加上拉电阻。图 2-9 描述了开漏工作模式下 I/O 的电路结构。

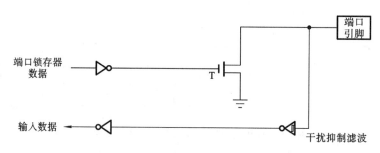

图 2-9　开漏工作模式下 I/O 的电路结构

2.4　STC15F2K60S2 单片机的存储器结构

一般微机通常只有一个地址空间,ROM 和 RAM 的地址同在一个队列里分配不同的地址空间。CPU 访问存储器时,一个地址对应唯一的存储器单元,可以是 ROM,也可以是 RAM,并使用同类访问指令。此种存储器结构称为普林斯顿结构。

STC15F2K60S2 单片机的存储器在物理结构上可分为程序存储器空间和数据存储器空间,共有 4 个物理上相互独立的存储空间,分别是程序存储器(程序 Flash)、基本 RAM、扩展 RAM 与 E²PROM(数据 Flash),如图 2-10 所示。这种程序存储器和数据存储器分开的结构形式,称为哈佛结构。

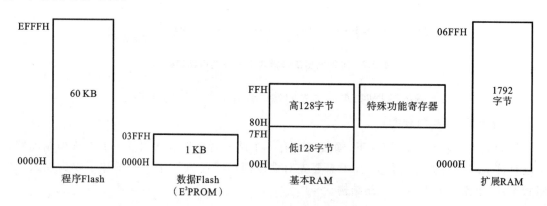

图 2-10　STC15F2K60S2 单片机的存储器结构

2.4.1　程序存储器

STC15F2K60S2 单片机片内的程序存储器大小为 60 KB,地址的范围为 0000H～EFFFH,用于存放用户程序、数据和表格等信息。开机后,单片机从 0000H 开始执行程序。先在 0000H～0002H 单元放一条长跳转指令,CPU 再去执行用户指定位置的主程序。

传统的 51 单片机有 5 个中断源,每个中断源分配 8 个字节,作为中断入口地址(或中断向量地址)。当中断事件发生,满足中断响应条件后,单片机就会自动跳转到相应的中断入口地址去执行程序。STC15F2K60S2 单片机提供了 14 个中断请求源,将 0003H～0083H 作为这些中断源的中断服务程序的入口地址。图 2-11 描述了 STC15F2K60S2 单片机的程序存储器的功能区间划分,其中传统 51 单片机的 5 个基本中断的入口地址分别为 0003H(外部中断 0)、000BH(定时器/计数器 0)、0013H(外部中断 1)、001BH(定时器/计数器 1)、0023H(串行口 1)。

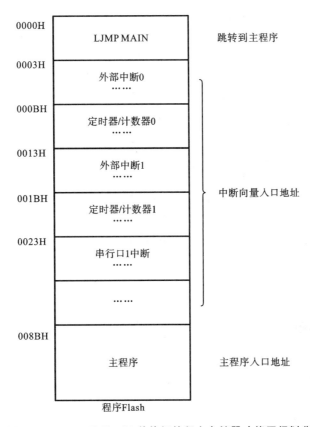

图 2-11 STC15F2K60S2 单片机的程序存储器功能区间划分

2.4.2 基本 RAM

STC15F2K60S2 单片机片内基本 RAM 分为低 128 字节、高 128 字节和特殊功能寄存器(SFR)。

(1) 低 128 字节 RAM(00H～7FH),分为工作寄存器区、位寻址区和通用 RAM 区。图 2-12 显示了低 128 字节的功能分布情况。

(2) 工作寄存器区(00H～1FH),共 32 个字节,分成 4 组工作寄存器,每组占用 8 个字节,使用寄存器符号 R0～R7。当程序运行时,只能有一个工作寄存器组为当前工作寄存器组。当前工作寄存器组从某一工作寄存器组切换到另外一个工作寄存器组,原来工作寄存器组的

7FH … 30H	堆栈-数据缓冲							通用RAM区
2FH	7F	7E	7D	7C	7B	7A	79	78
2EH	77	76	75	74	73	72	71	70
2DH	6F	6E	6D	6C	6B	6A	69	68
2CH	67	66	65	64	63	62	61	60
2BH	5F	5E	5D	5C	5B	5A	59	58
2AH	57	56	55	54	53	52	51	50
29H	4F	4E	4D	4C	4B	4A	49	48
28H	47	46	45	44	43	42	41	40
27H	3F	3E	3D	3C	3B	3A	39	38
26H	37	36	35	34	33	32	31	30
25H	2F	2E	2D	2C	2B	2A	29	28
24H	27	26	25	24	23	22	21	20
23H	1F	1E	1D	1C	1B	1A	19	18
22H	17	16	15	14	13	12	11	10
21H	0F	0E	0D	0C	0B	0A	09	08
20H	07	06	05	04	03	02	01	00

位寻址区（20H~2FH区对应20H~2FH）

工作寄存器组区：
- 1FH … 18H：R7 … R0（工作寄存器组3）
- 17H … 10H：R7 … R0（工作寄存器组2）
- 0FH … 08H：R7 … R0（工作寄存器组1）
- 07H … 00H：R7 … R0（工作寄存器组0）

图 2-12 低 128 字节的 RAM 功能分布

内容将被屏蔽保护起来。利用这一特性可以方便快速完成现场保护任务。当前工作寄存器组的选择是通过程序状态字 PSW 中的 RS1、RS0 实现的。RS1、RS0 的状态与当前工作寄存器组的关系如表 2-7 所示。

（3）位寻址区（20H~2FH），共 16 个字节，每个字节 8 个位，共 128 个位。该区域不仅可按字节寻址，也可按位寻址。位寻址区对应的位地址依次为 00H~7FH，位地址可用字节地址加位号表示，如 25H 单元的 B0 位，其位地址可用 28H 表示，也可用 25H.0 表示。

表 2-7　RS1、RS0 的状态与当前工作寄存器组的关系

组号	RS1	RS0	R0	R1	R2	R3	R4	R5	R6	R7
0	0	0	00H	01H	02H	03H	04H	05H	06H	07H
1	0	1	08H	09H	0AH	0BH	0CH	0DH	0EH	0FH
2	1	0	10H	11H	12H	13H	14H	15H	16H	17H
3	1	1	18H	19H	1AH	1BH	1CH	1DH	1EH	1FH

（4）通用 RAM 区（30H～7FH），共 80 个字节，可以用作数据缓冲区、堆栈等。

（5）高 128 字节 RAM（80H～FFH），属普通存储区域，它的地址范围与特殊功能寄存器（SFR）区的地址相同。为了便于区分不同的区域，采用不同的寻址方式，访问高 128 字节 RAM 只能采用寄存器间接寻址方式访问，访问 SFR 只能采用直接寻址方式。

（6）特殊功能寄存器（80H～FFH）用来对单片机各个功能模块进行管理和控制，或者反映某个硬件接口电路的工作状态，如表 2-8 所示。访问 SFR 只能用直接寻址方式，在编程时大多采用其位功能符号表示，如 P0。

表 2-8　STC15F2K60S2 特殊功能寄存器一览表

地址	可位寻址	不可位寻址						
	+0	+1	+2	+3	+4	+5	+6	+7
80H	P0	SP	DPL	DPH				PCON
88H	TCON	TMOD	TL0	TL1	TH0	TH1	AUXR	INT_CLKO
90H	P1	P1M1	P1M0	P0M1	P0M0	P2M1	P2M0	CLK_DIV
98H	SCON	SBUF	S2CON	S2BUF		P1ASF		
A0H	P2	BUS_SPEED	P_SW1					
A8H	IE		WKTCL	WKTCH				IE2
B0H	P3	P3M1	P3M0	P4M1	P4M0	IP2		
B8H	IP		P_SW2		ADC_CONTR	ADC_RES	ADC_RESL	
C0H	P4	WDT_CONTR	IAP_DATA	IAP_ADDRH	IAP_ADDRL	IAP_CMD	IAP_TRIG	IAP_CONTR
C8H	P5	P5M1	P5M0		SPSTAT	SPCTL	SPDAT	
D0H	PSW						T2H	T2L
D8H	CCON	CMOD	CCAPM0	CCAPM1	CCAPM2			
E0H	ACC							
E8H		CL	CCAP0L	CCAP1L	CCAP2L			
F0H	B		PCA_PWM0	PCA_PWM1	PCA_PWM2			
F8H		CH	CCAP0H	CCAP1H	CCAP2H			

与运算器相关的寄存器有 ACC(累加器)、B 寄存器、PSW 程序状态字。

指针类寄存器有堆栈指针(SP)和数据指针(DPTR)。SP 始终指向栈顶,堆栈是一种遵循"先进后出,后进先出"原则存储的存储区域。入栈时,SP 先加 1,数据再压入 SP 指向的存储单元;出栈时,先将 SP 指向单元的数据弹出到指定的存储单元中,SP 再减 1。DPTR(16 位)由 DPL 和 DPH 组成,用于存放 16 位地址,进而对 16 位地址的程序存储器和扩展 RAM 进行访问。

还有一些与定时器、中断控制、通信接口控制相关的,在后续章节中详细讲述。

2.4.3 扩展 RAM(XRAM)

STC15F2K60S2 单片机的扩展 RAM 空间大小为 1792 B,地址范围为 0000H～06FFH。访问扩展 RAM 区域,采用访问外部数据存储器的访问指令(MOVX)。如果要使用片外数据存储器的扩展功能,扩展 RAM 与片外数据存储器不能并存,可通过 AUXR 中的 EXTRAM 进行选择,默认使用片外扩展 RAM。推荐使用片内扩展 RAM,因为使用片外 RAM 需要配置 P0、P2、ALE、$\overline{RD}$ 与 $\overline{WR}$ 引脚,而使用片内扩展 RAM 则不需要配置。

2.4.4 数据 Flash 存储器(E²PROM)

STC15F2K60S2 单片机的数据 Flash 存储器空间大小为 1 KB,地址范围为 0000H～03FFH,分为 2 个扇区,每个扇区 512 字节。数据 Flash 存储器掉电后数据还在,可以用来存放经常使用、掉电后不能丢失的重要数据,如密码口令、设备工作状态、仪器校正参数等。访问该区域采用 MOVC 指令,起始扇区地址为 F000H～F3FFH。

2.5 时钟和复位

2.5.1 时钟

时钟信号是单片机中一个重要的时序信号,它定时发出脉冲信号,用于同步各个部件的工作。在每个时钟脉冲到来时,CPU 根据当前的指令和状态进行相应的操作。这种同步时序的工作方式可以确保各个部件的协同工作,避免冲突和混乱。

1. 时钟源的选择

STC15F2K60S2 单片机有两个时钟源,内部高精度 R/C 时钟和外部时钟。

(1) 内部高精度 R/C 时钟。STC15F2K60S2 单片机常温下的时钟频率为 5 MHz～35 MHz,常温的温漂为 5‰,在－40 ℃～＋85 ℃环境下的温漂为 1%。使用内部时钟,可以不用配置管脚 XTAL1 和 XTAL2,但需要在下载用户程序时进行设置。在使用 STC-ISP 下载用户程序时,勾选"选择使用内部 IRC 时钟(不选为外部时钟)"的选项,同时根据实际情况设置合适的频率。选择内部高精度 R/C 时钟和频率,如图 2-13 所示。

(2) 外部时钟。使用外部时钟,通过 ISP 下载用户程序时,可以在硬件选项中不勾选内部时钟。采用外部时钟方式,从 XTAL1 端直接输入外部时钟信号源,XTAL2 端悬空,外部时钟电路如图 2-14 所示。用现成的外部振荡器产生脉冲信号,常用于多片单片机同时工作,便于多片单片机之间的同步。

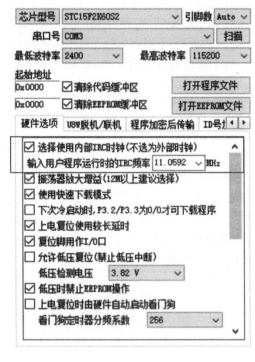

图 2-13　选择内部高精度 R/C 时钟和频率

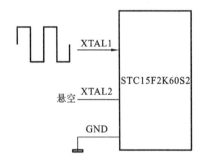

图 2-14　外部时钟电路图

2. 系统时钟与时钟分频寄存器

时钟结构图如图 2-15 所示,主时钟(时钟源)输出信号经过一个可编程时钟分频器给单片

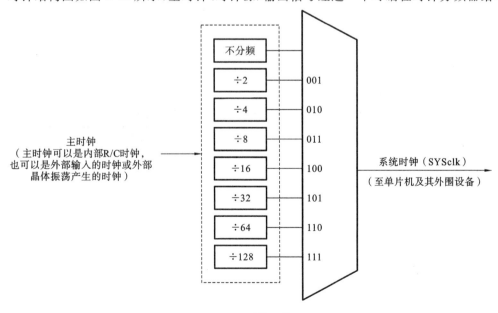

图 2-15　时钟结构图

机及外设提供系统时钟,可以对主时钟进行不分频、2 分频、4 分频、8 分频、16 分频、32 分频、64 分频和 128 分频的设置。如果希望降低系统功耗,则可以对时钟进行分频。利用时钟分频器(CLK_DIV)可进行时钟分频,单片机则可以工作在较低的频率下。

为了区分主时钟和 CPU 的系统时钟,用 f_{osc} 代表主时钟(时钟源)的信号频率、f_{sys} 代表系统时钟。

在时钟分频寄存器 CLK_DIV(PCON2)中,用于控制时钟的有 5 位,默认是不分频、主时钟禁止输出,格式定义如表 2-9 所示。

表 2-9　CLK_DIV 寄存器的格式定义

地址	B7	B6			B2	B1	B0	复位值
97H	MCK0_S1	MCK0_S0			CLKS2	CLKS1	CLKS0	0000x000

CLKS2、CLKS1 和 CLKS0 位用于分频系数选择,表 2-10 列出了具体的位数值对应的分频系数与 CPU 系统时钟;主时钟信号频率 f_{osc} 可以通过 P5.4 引脚输出,主时钟的输出频率由 MCK0_S1 和 MCK0_S0 决定,表 2-11 列了主时钟输出频率与控制位的数值关系。

表 2-10　分频系数与 CPU 系统时钟

CLKS2	CLKS1	CLKS0	分频系数 N	CPU 系统时钟 f_{sys}
0	0	0	1	f_{osc}
0	0	1	2	$f_{osc}/2$
0	1	0	4	$f_{osc}/4$
0	1	1	8	$f_{osc}/8$
1	0	0	16	$f_{osc}/16$
1	0	1	32	$f_{osc}/32$
1	1	0	64	$f_{osc}/64$
1	1	1	128	$f_{osc}/128$

表 2-11　主时钟输出频率与控制位的数值关系

MCK0_S1	MCK0_S0	主时钟输出频率
0	0	禁止输出
0	1	输出时钟频率＝f_{osc}
1	0	输出时钟频率＝$f_{osc}/2$
1	1	输出时钟频率＝$f_{osc}/4$

2.5.2　复位

复位是对单片机进行初始化,复位后,单片机的 CPU 和其他功能部件都处在一个确定的

工作状态,然后从这个状态开始工作。复位分为热启动复位和冷启动复位。STC15F2K60S2
单片机的复位如图 2-16 所示。

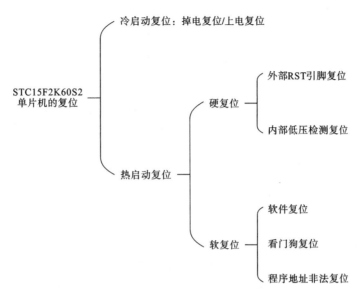

图 2-16　STC15F2K60S2 单片机的复位

STC15 系列单片机支持很多种复位方式,我们如何判断是冷启动还是热启动? 可以通过
上电复位标志位(POF)来判断。冷启动复位时,单片机停电后再上电,POF 被置 1,可由软件
清零;热启动复位时,POF 保持不变。POF 位于特殊功能寄存器 PCON 中,复位值为 30H,
PCON 的各位信息如表 2-12 所示。

表 2-12　PCON 寄存器的各位信息

地址	B7	B6	B5	B4	B3	B2	B1	B0
87H	SMOD	SMOD0	LVDF	POF	GF1	GF0	PD	IDL

1. 复位种类介绍

1) 掉电复位/上电复位

当电源电压 Vcc 低于掉电复位/上电复位检测门槛电压时,所有的逻辑电路都会复位。
当内部 Vcc 上升至上电复位检测门槛电压以上后,延迟 32768 个时钟,掉电复位/上电复位结
束。复位状态结束后,单片机将控制位 SWBS(IAP_CONTR.6)置 1,同时从系统 ISP 监控程
序区开始执行程序,如果检测到合法的 ISP 下载命令流,则进入用户程序下载过程,完成后自
动转到用户程序区执行用户程序;如果检测不到合法的 ISP 下载命令流,则将转到用户程序区
执行用户程序。

2) 外部 RST 引脚复位

外部 RST 引脚复位是指从外部向 RST 引脚施加一定宽度的复位脉冲,从而实现单片机
的复位。不同于传统 51 单片机的 RST 引脚,STC15F2K60S2 的 RST 引脚(P5.4)出厂时被
设置为 I/O 端口。如果需要使用 RST 复位,则需要通过 STC-ISP 烧录配置。复位电路与传
统的 8051 单片机的一样,如图 2-17 所示。

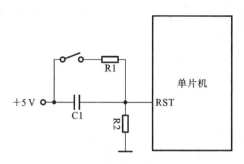

图 2-17　RST 引脚复位电路

　　将 RST 复位引脚拉高并维持至少 24 个时钟加 20 μs 后,单片机进入复位状态,将 RST 复位引脚拉回低电平后,单片机结束复位状态。同内部掉电/上电复位一样,从系统 ISP 监控程序区开始执行程序,如果检测不到合法的 ISP 下载命令流,则将转到用户程序区执行用户程序。

　　3）内部低压检测复位

　　除了上述的上电复位检测门槛电压外,STC15F2K60S2 单片机提供了一组更可靠的内部低压检测阈值电压。在 STC-ISP 烧录配置时,如图 2-18 所示,勾选"允许低压复位(禁止低压中断)",并根据实际电路情况设置"低压检测电压"。当电源电压低于设置值时,可产生复位。

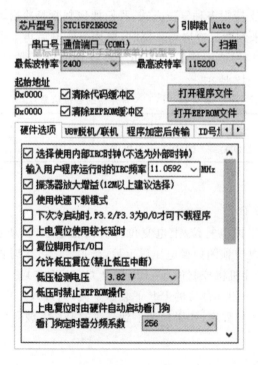

图 2-18　配置内部低压检测阈值电压

　　4）看门狗复位

　　出于对单片机运行状态进行实时监测的考虑,产生了一种专门用于监测单片机程序运行状态的芯片,俗称"看门狗"。如果 CPU 在规定的时间内没按要求访问看门狗,就认为 CPU

处于异常状态,看门狗就会强迫 CPU 复位,使系统重新从用户程序区 0000H 处开始执行用户程序,这是一种提高系统可靠性的措施。

5) 软件复位

STC15F2K60S2 单片机设计了软件复位,可以满足系统运行过程中的软复位需求。传统的 8051 单片机由于硬件上未支持此功能,用户必须使用软件模拟实现,实现起来较麻烦。STC15F2K60S2 单片机借助 IAP_CONTR 寄存器实现此功能。用户只需简单地控制 IAP_CONTR 寄存器中的 SWBS、SWRST 两个位就可以使系统复位了。例如,将 SWRST 设置成 1,SWBS 设置成 0,单片机则自动复位,从用户程序区启动。

6) 程序地址非法复位

在程序运行过程中,如果 PC 指向的地址超过了有效程序空间的大小,就会引起程序地址非法复位。程序地址非法复位状态结束后,不会改变 IAP_CONTR 寄存器中 SWBS 的值。单片机将根据复位前 IAP_CONTR 寄存器中 SWBS 的值选择启动位置,如果 SWBS 的值为 1 则从系统 ISP 监控程序区启动,否则从用户应用程序区启动。

7) MAX810 专用复位电路复位

STC15 系列单片机内部集成了 MAX810 专用复位电路。若 MAX810 专用复位电路在 STC-ISP 编程器中被允许,则以后掉电复位/上电复位后将产生约 180 ms 复位延时,延时结束后复位才被解除。复位解除后,单片机将 IAP_CONTR 寄存器中的 SWBS 位置 1,从系统 ISP 监控程序区启动。

2. 复位状态

单片机在进行冷启动和热启动复位后,区别在于启动区域的不同,复位后 PC 的值与各种特殊功能寄存器的初始状态是一样的。大部分寄存器初始值为 00H,表 2-13 中罗列了相对重要的特殊寄存器的复位值。

表 2-13　特殊寄存器的复位值

寄存器名称	初 始 值	含 义
PC	0000H	单片机从 0000H 单元开始执行程序
SP	07H	堆栈指针指向片内 RAM 的 07H 字节单元
P0～P5	FFH	表明已向各端口线写入 1

课后习题

1. STC15F2K60S2 中 2K 代表的含义是(　　)。

A. 2 K 的 SRAM　　　　　　　　　B. 2 K 的 Flash　ROM

C. 2 K 的数据 Flash 存储器　　　　D. 2 K 的片外存储器

2. 下列(　　)寄存器在运算前保存一个操作数,运算后保存运算结果,在处理器中最忙碌。

A. 累加器　　　B. 数据寄存器　　　C. 程序计数器　　　　D. 指令寄存器

3. 51 系列单片机 PC 寄存器中存放的是(　　)。

A. 当前正在执行指令的地址　　　　B. 下一条指令的地址

C. 当前正在执行的指令　　　　　　D. 下一条要执行的指令

4. 在片内 RAM 低 128 字节可位寻址的字节地址范围是(　　)。

A. 00H～7FH　　　B. 00H～1FH　　　C. 20H～2FH　　　D. 30H～7FH

5. STC15F2K60S2 单片机的 PSW 称为 _____，其中，CY 是 _____，AC 是 _____，OV 是 _____，P 是 _____。

6. 当程序状态字寄存器 PSW 中的 RS1 和 RS0 分别为 1 和 0 时，系统使用的工作寄存器组为(　　)。

A. 组 0　　　　　B. 组 1　　　　　C. 组 2　　　　　D. 组 3

7. STC15F2K60S2 单片机的并行 I/O 口有准双向口、_____、高阻与 _____ 等 4 种工作模式。

8. 当 P1M1＝10H，P1M0＝56H 时，P1.7 处于什么工作模式？

9. 当 I/O 端口处于准双向口工作模式时，若要从 I/O 端口引脚输入数据，首先需对 I/O 端口做什么？

10. 下列关于 STC15F2K60S2 单片机说法错误的是(　　)。

A. 在搭建最小系统时，必须使用外部的晶振提供系统时钟

B. 指令系统兼容传统 8051 单片机

C. 程序运行过程中可以调整单片机的系统时钟

D. P0 端口有 4 种工作模式，分别是准双向口、推挽输出、仅为输入(高阻状态)与开漏模式

11. 在片内 RAM 低 128 字节中，哪些区域是工作寄存器区？工作寄存器如何分组？如何选择当前的工作寄存器组？该存储区有几种寻址方式？

12. STC15F2K60S2 单片机的时钟源有哪两种类型？如果使用内部时钟源，应该如何设置呢？系统时钟与主时钟之间的关系是什么？

13. STC15F2K60S2 单片机的复位有哪几种？哪些属于冷启动复位？哪些属于热启动复位？如何判断冷热启动？

14. STC15F2K60S2 单片机复位后，PC、SP 为何值？P0～P5 端口的工作模式是什么？

第 3 章　C51 语言程序设计与开发环境

学习目标

◇ 了解 C51 语言的基本概念。
◇ 理解 C51 语言的处理过程。
◇ 掌握 C51 语言的语法知识。
◇ 掌握嵌入式程序开发流程,熟悉开发环境。

知识点思维导图

　　C51 语言是一种针对 8051 单片机定制的 C 语言,它是在 C 语言基础上发展而来的。使用 C51 语言编写的程序在不同的 8051 兼容微控制器之间具有较好的移植性,只需要修改很少或不需要修改即可在不同的硬件上运行。与汇编语言相比,C51 语言的结构化特性使得程序更易于阅读、理解和维护,提高了代码开发的效率。STC15F2K60S2 系列单片机也属于 51 系列,也可以使用 C51 语言来编写开发程序。

　　C51 语言与标准 C 语言的主要区别如下。

（1）库函数不同。

（2）数据类型有一定的区别。

（3）C51 语言的变量存储模式数据与标准 C 语言中的变量存储模式数据不一样。

（4）数据存储类型不同。

（5）标准 C 语言没有处理单片机中断的定义。

（6）C51 语言与标准 C 语言的输入/输出处理不一样。

（7）程序结构的差异。

3.1　C51 语言基础

3.1.1　数据类型

　　C51 语言支持的数据类型丰富多样,不仅涵盖了标准 C 语言中的数据类型,还根据 51 单片机的特定硬件特性进行了扩展。表 3-1 详细列举了 C51 语言的基本数据类型。其中,最后 4 行所展示的数据类型属于扩展数据类型,这些数据类型不支持通过指针进行存取操作。

表 3-1　C51 语言支持的基本数据类型

数据类型	说　明	字节数	取 值 范 围
unsigned char	无符号字符型	单字节	0～255

数 据 类 型	说　明	字 节 数	取 值 范 围
signed char	有符号字符型	单字节	$-128\sim+127$
unsigned int	无符号整数型	双字节	$0\sim65536$
signed int	有符号整数型	双字节	$-32768\sim+32767$
unsigned long	无符号长整型	4字节	$0\sim4294967295$
signed long	有符号长整型	4字节	$-2147483648\sim+2147483647$
float	浮点型	4字节	$\pm1.175494E-308\sim\pm3.402823E+38$
double	浮点型	4字节	$\pm1.175494E-308\sim\pm3.402823E+38$
*	指针型	1字节~3字节	指针对象
bit	位类型	位	0 或 1
sfr	特殊功能寄存器	单字节	$0\sim255$
sfr16	16 位特殊功能寄存器	双字节	$0\sim65536$
sbit	位寻址定义	位	可进行位寻址的特殊功能寄存器的某些位地址

标准 C 语言的数据类型不再额外说明,只对扩展的 4 种类型进行说明。

1. 位变量 bit

利用 bit 变量可以定义位变量,但不能定义位指针,也不能定义位数组。它的值是一个二进制数。例如:

```
bit  ov-flag;                /* 将 ov-flag 定义为位变量 */
```

2. sfr 特殊功能寄存器

sfr 常用来定义 8 位特殊功能寄存器,占用一个内存单元。特殊功能寄存器在片内存储器区的 80H~FFH 之间,利用 sfr 可以访问。例如:

```
sfr  P0=0x80;                /* 定义 P0 口在片内的寄存器 */
```

3. sfr16 即 16 位特殊功能寄存器

sfr16 用来定义占 2 个字节的特殊功能寄存器,占用两个内存单元。使用方法类似 sfr 的。例如:

```
sfr16  DPTR=0x1000;          /* 定义片内 16 位数据指针寄存器 DPTR */
```

4. sbit 位寻址定义

sbit 用来定义片内特殊功能寄存器的可寻址位。如果一个特殊功能寄存器的字节地址能被 8 整除,那么该特殊功能寄存器可以位寻址。例如:

```
sfr  PSW=0xd0;               /* 定义 PSW 寄存器地址位 0xd0 */
   sbit  PSW^2=0xd2;         /* 定义 OV 位为 PSW.2 */
```

bit 与 sbit 的区别:bit 用来定义普通的位变量,值只能是二进制的 0 或 1。而 sbit 定义的是特殊功能寄存器的可寻址位,其值是可进行位寻址的特殊功能寄存器的位绝对地址。

3.1.2 数据的存储类型

在 C 语言中,要求对所用到的变量先定义再使用,用一个标志符作为变量名。在 ANSI C 语言中,变量定义的格式如下:

〔存储类型〕 数据类型 变量名表;

存储类型(或存储类别)表示变量的存储方式,分为静态、动态两大类,共有 auto(自动的)、static(静态的)、register(寄存器的)、extern(外部的)四种。定义变量未指定存储类型时,默认存储类型为 auto。

针对 51 单片机的存储器有多个不同的存储空间,在 C51 语言中,定义变量后,还可以根据需要指定变量的存储器类型,定义变量的格式如下:

〔存储类型〕 数据类型 〔存储器类型〕 变量名表;

或者:

〔存储类型〕 〔存储器类型〕 数据类型 变量名表;

存储器类型详细地指明了变量放在单片机的哪种存储空间中,方便程序设计人员控制存储器的使用。表 3-2 罗列了 C51 编译器可以识别的存储器类型。

表 3-2 C51 的存储器类型说明

存储器类型	对应的存储空间	备　注
data	片内 ram 低 128 字节(00H～7FH)	直接寻址,速度最快,空间有限
bdata	片内 ram 的位寻址区(20H～2FH)	可位寻址数据,速度快
idata	片内 ram 的 256 字节(00H～FFH)	寄存器间接寻址方式,速度中
pdata	分页访问外部数据存储区(256 B)	寻址只需 8 位地址
xdata	访问全部外部数据存储区(64 KB)	寻址需要 16 位地址,速度比 pdata 慢
code	程序存储器	只读的,需在编译时初始化

【例 3-1】 以一段程序为例,说明定义变量的存储器类型。

```
unsigned char data flag;                    /* 定义一个内部直接寻址的无符号字节变量 */
char bdata statusled;                       /* 定义可位寻址的变量 statusled */
extern float idata y;                       /* 声明 idata 区浮点型外部变量 y */
float pdata z;                              /* 定义 pdata 区域的浮点型变量 z */
char xdata text[ ]="months";               /* 定义 xdata 区域字符串数组变量 */
unsigned char code months[ ]="January February";  /* 定义程序存储器常量数组 */
```

存储器模式确定了用于函数自变量、自动变量和无明确存储类型变量的默认存储类型。如果定义变量的时候省略了存储器类型,可用 Keil C51 编译器的 SMALL(小模式)、COMPACT(紧凑模式)和 LARGE(大模式)存储模式指定编译时的存储器类型。Keil C51 编译器的各存储模式对应的默认存储器类型如表 3-3 所示。

表 3-3　Keil C51 编译器的各存储模式对应的默认存储器类型

存储模式	默认的存储器类型	说明
SMALL(小模式)	data	访问速度最快,空间有限,适合小程序
COMPACT(紧凑模式)	pdata	访问速度较快,空间大,速度适中
LARGE(大模式)	xdata	访问速度慢,空间最大,速度最慢

【例 3-2】 以一段程序为例,说明定义变量的存储模式、数据类型和存储器类型。

```
# pragma small          //设置存储模式为 SMALL 模式
char a,b=0x02;          //定义 a、b 为字符型变量,存储器类型为 data
static char c,d;        //定义 c、d 为静态字符型变量,存储器类型为 data
# pragma compact        //设置存储模式为 COMPACT 模式
char x;                 //定义 x 为字符型变量,存储类型为 pdata
int xdata y;            //定义 y 为整型变量,存储类型为 xdata
int func1(int m1,int n1)large {return (m1+n1);}
                        //函数的存储模式为 LARGE,整型形参 m1 和 n1 的存储类型为 xdata
```

3.1.3　绝对地址访问

在 C 语言中编写程序时,通常会使用变量和指针来间接地访问内存。然而,C51 编译器(适用于 8051 系列的 C 语言编译器)提供了特殊的语法,可以让开发者直接通过绝对地址来访问内存中的特定位置。

绝对地址访问对于与硬件紧密相关的编程是非常有用的,因为它允许程序员直接操控硬件,无须担心编译器优化或变量寻址可能引入的不确定性。但是,这种方式牺牲了代码的可移植性,因为不同的微控制器可能会有不同的内存映射和寄存器地址,所以绝对地址访问通常只在需要与特定硬件紧密交互的场合中使用。

1. 绝对宏

C51 语言编泽器提供了一组宏定义来对 51 系列单片机的 code、data、pdata 和 xdata 空间进行绝对寻址,规定只能以无符号数方式访问,定义了以下 8 个宏定义。

● CBYTE 以字节方式寻址 code 区。

● DBYTE 以字节方式寻址 data 区。

● PBYTE 以字节方式寻址 pdata 区。

● XBYTE 以字节方式寻址 xdata 区。

● CWORD 以字方式寻址 code 区。

● DWORD 以字方式寻址 data 区。

● PWORD 以字方式寻址 pdata 区。

● XWORD 以字方式寻址 xdata 区。

这些宏定义放在 absacc.h 文件中,使用时需用预处理命令把该头文件包含到文件中。

【例 3-3】 使用绝对宏访问绝对地址。

参考程序如下:

```
# include < absacc.h>
void main(void)
{
unsigned char data x;                    //定义片内 data 区变量 x
  x=CBYTE[0x1000];                        //将程序 ROM 区的 0x1000H 地址单元内容传给 x
}
```

2. _at_关键字

利用_at_关键字可以指定变量在存储空间中的绝对地址，格式如下：

数据类型［存储器类型］变量名   _at_地址常数

例如：

```
unsigned char datadu _at_ 0x30;   //du 变量的地址为 RAM 的 0x30
```

使用_at_关键字比较简单，使用的时候需要注意，它不能初始化，它定义的变量必须是全局变量（不能放在主程序或函数中）。还有一点，_at_关键字不能定义 bit 型变量。

3. 指针

定义一个指针变量，给地址赋绝对地址，就可以访问该变量。使用指针进行绝对地址访问更加灵活、简单。

Keil C51 编译器支持两种指针类型：一般指针和基于存储器的指针。

一般指针的定义如下：

```
unsigned char data *pdu;        //定义一个指针，指定在 data 区
pdu=0x30;                       //给 pdu 赋初始值 0x30
*pdu=0xFF;                      //将地址 0x30 地址单元的内容赋为 0xFF
```

一般指针需要占用 3 个字节，第 1 个字节用于存放存储器类型的编码（受限编译模式），第 2 个字节用于存放该指针的高位地址偏移量，第 3 个字节用于存放该指针的低位地址偏移量。它具有较好的兼容性，但运行速度较慢。

基于存储器的指针定义如下：

```
char data* xdatapdu;            //指向 data 空间 char 类型数据的指针，指针本身在 xdata 空间
```

基于存储器的指针只需要 1～2 个字节，基于存储器的指针具有较高的运行速度。

3.2　运算符与表达式

C51 语言具有丰富的运算符，可以进行各种算术和逻辑运算。C51 语言的基本运算与 ANSI C 语言的完全相同，都可以分为几个不同的类别，每个类别都有其特定的运算符和用途。C51 语言有算术运算符、关系运算符、逻辑运算符、位运算符、赋值运算符、复合赋值运算符、条件运算符、指针和地址运算符。

1）算术运算符

C51 语言中用到的算术运算符如表 3-4 所示。

表 3-4 C51 语言的算术运算符

运 算 符	作 用	运 算 符	作 用
＋	加或取正值运算	＋＋	自增运算
—	减或取负值运算	— —	自减运算
*	乘运算	％	取余运算
/	除运算		

【例 3-4】 要求将一个十进制数 35689 在二进制状态下拆分成高 8 位和低 8 位,将高 8 位传送到特殊功能寄存器 TH1,将低 8 位传送到特殊功能寄存器 TL1。

解 TH1＝35689/256；

　　TL1＝35689％256；

2) 关系运算符

C51 语言中用到的关系运算符如表 3-5 所示。

表 3-5 C51 语言的关系运算符

运 算 符	作 用	运 算 符	作 用
＞	大于	＜＝	小于或等于
＜	小于	＝＝	等于
＞＝	大于或等于	！＝	不等于

3) 逻辑运算符

C51 语言中用到的逻辑运算符及表达式如表 3-6 所示。

表 3-6 C51 语言的逻辑运算符及表达式

运 算 符	作 用	表达式格式
＆＆	逻辑与	条件式1＆＆条件式2
‖	逻辑或	条件式1‖条件式2
！	逻辑非	！条件式

4) 位运算符

C51 语言中用到的位运算符如表 3-7 所示。

表 3-7 C51 语言的位运算符

运 算 符	作 用	运 算 符	作 用
＆	位与	^	位异或
｜	位或	＜＜	左移
～	位取反	＞＞	右移

5) 赋值和复合赋值运算符

复合赋值运算符是一种结合了赋值操作和另一种操作(比如加法或乘法)的运算符。在

C51 语言或任何支持 C 语言的环境中,复合赋值运算符可以提高代码的简洁性,并且在某些情况下可能提高执行效率。C51 语言中用到的赋值和复合赋值运算符如表 3-8 所示。

表 3-8　C51 语言的赋值和复合赋值运算符

运　算　符	作　　用	运　算　符	作　　用
=	赋值运算	*＝	乘并赋值运算
+＝	加并赋值运算	/＝	除并赋值运算
−＝	减并赋值运算	%＝	取余并赋值运算
<<＝	左移并赋值运算	&＝	位与并赋值运算
>>＝	右移并赋值运算	|＝	位或并赋值运算
^＝	位异或并赋值运算		

【例 3-5】　分析下列程序的运行过程。

```
unsigned char a;
a &=0xf0;                          //a 的高 4 位不变,低 4 位取反
P1 &= (1<<6)|(1<<4)|(1<<2);        //P1 端口的第 2、4、6 位保持不变,其他位取 0
P2 |= (1<<6)|(1<<4)|(1<<2);        //P2 端口的第 2、4、6 位取 1,其他位保持不变
```

6）条件运算符

在 C51 语言中,条件运算符与标准 C 语言中的条件运算符相同。条件运算符"?:"是 C51 语言中的一个三目运算符,条件表达式的一般格式为:

判断结果 = (逻辑表达式)？表达式 1:表达式 2

首先计算逻辑表达式的值,如果为真,则判断结果为表达式 1;如果为假,则判断结果为表达式 2。

7）指针和地址运算符

变量存放在特殊功能寄存器或其他存储单元中,而特殊功能寄存器及其他存储单元均有地址,因此地址是非常重要的信息,C51 语言提供了两个与变量地址有关的操作符。

(1)" * ":加在指针型变量之前,用于提取指针所指向的变量值。

(2)"&":取变量的地址。

【例 3-6】　利用基于存储器的指针进行变量的绝对地址定位。

```
char xdatatemp _at_ 0x3000;    //定义全局变量 temp,地址为 xdata 空间的 0x3000
voidmain(void )
{
char xdata *xdp;               //定义一个指向 xdata 存储器空间的指针
char data *dp;                 //定义一个指向 data 存储器空间的指针
xdp=0x1000;                    //xdata 指针赋值,指向 xdata 存储的地址 0x1000
temp = *xdp;                   //读取 xdata 空间地址 0x1000 的内容并送往 0x3000 单元
*xdp=0xFF;                     //将数据 0xFF 送到 xdata 空间 0x1000 地址单元
dp=0x50;                       //将 dp 指针赋值,指向 data 存储器地址 50H
*dp=0xCC;                      //将数据 0xCC 送往指定的 data 空间地址
}
```

3.3　C51 程序结构

在编程语言中,基本的程序结构通常被划分为三种控制结构:顺序结构、分支结构和循环结构。这些控制结构同样适用于 C51 程序。

3.3.1　顺序结构

顺序结构是程序按照代码的顺序执行从上到下依次执行每条指令。顺序结构相对简单,常用在初始化变量、数值计算等。

【例 3-7】　试将 8 位二进制数据转化为十进制数(BCD 码)数据。

解　首先确定数值范围,8 位二进制数最大为 255,那么转换为 BCD 码则需要三位数,逐个求出百位、十位、个位的数值即可。

```
unsigned charbinaryData=0b01011010;
unsigned intbcdData;
unsigned charhuns,tens,units;
huns=binaryData/100;
tens=binaryData% 100/10;
units=binaryData% 10;
bcdData=(huns<<8)|(tens<<4)|units;
```

3.3.2　分支结构

程序执行过程中,有时候需要用某种条件的判断结果来决定程序的不同走向,这种程序结构就是分支结构。分支结构涉及的语句有 if 语句、if...else 语句和 switch...case 语句,用法类似 ANSI C 语言。

if 语句格式如下所示:

```
if(condition){
//条件满足时执行
} else {
//条件不满足时执行
}
```

C51 程序中的 if 语句可以没有 else 部分,也支持 if 语句的嵌套。嵌套的 if 语句格式如下所示:

```
if(condition1){
//条件 1 满足时执行
}else if(condition2){
//条件 1 不满足且条件 2 满足时执行
} else {
//条件 1、2 不满足时执行
```

```
}
```

【例 3-8】 制作一个时钟时,每 60 秒分针数加 1,而秒针数清零。

解 参考程序如下:

```
unsigned char secdata;
unsigned char mindata;
.....
if(secdata==60)
    {
    Mindata +=1;
    secdata=0;
}
```

switch 语句用来处理多个分支选择的一种语句,格式如下所示:

```
switch (expression){
    case value1:
        //当 expression 的值等于 value1 时执行的代码块
        break;
    case value2:
        //当 expression 的值等于 value2 时执行的代码块
        break;
    //可以有更多的 case 语句
    default:
    语句;   //当 expression 的值与之前的所有 case 值都不匹配时执行的代码块,不是必需的
}
```

其中,expression 表示表达式的值,switch 语句会根据 expression 的值与 case 语句中的值进行比较,如果匹配,则执行对应的代码块;如果没有匹配的值,且存在 default 语句,则执行 default 代码块;如果没有 default 语句,则不执行任何代码块。需要特别注意的是,每个 case 后面的 break 语句不是必需的,如果有 break,则可以跳出 switch 语句;如果没有 break 语句,则会继续执行后面的语句,后续所有 case 的值都会输出,如果后续的 case 语句块有 break 语句,则会跳出 switch 语句。

【例 3-9】 根据用户输入的值 choice,将 P1 端口输出不同的电平。

解 参考程序如下:

```
switch(choice){
    case 1:
        P1=0x0F;        //如果 choice 为 1,将 P1 口低 4 位置为高电平
        break;
    case 2:
        P1=0xF0;        //如果 choice 为 2,则将 P1 端口高 4 位设置为高电平
        break;
    case 3:
        P1=0xAA;        //如果 choice 为 3,则将 P1 端口设置为 0xAA
        break;
```

```
default:
    P1 = 0xFF;        //如果 choice 不是上述中的值,则将 P1 口全部置为高电平
    break;
}
```

3.3.3　循环结构

循环结构就是在给定条件成立时,反复执行某程序段,直到条件不成立为止。给定的条件称为循环条件,反复执行的程序段称为循环体。C51 程序中的循环结构主要包括 for 循环、while 循环和 do-while 循环。

1. for 循环语句

for 循环的格式如下:

```
for(表达式 1;逻辑表达式 2;表达式 3)
{
    语句;      //循环体代码
}
```

for 循环的执行过程:先执行表达式 1,初始化循环变量;再判断逻辑表达式 2 是否成立,如果成立,则执行循环体中的语句并执行表达式 3,如果不成立,则退出循环。

2. while 循环语句

while 循环的格式如下:

```
while(表达式 1)
{
    语句;      //循环体代码
}
```

程序在执行 while 语句,首先会判断表达式 1 的值,若为真则执行循环体,如果为假则跳出循环。在编写程序时,要根据实际情况对循环控制变量进行修改,让循环能够正常结束,避免陷入死循环。

3. do-while 循环语句

do-while 循环的格式如下:

```
do {
语句;      //循环体代码
}
while(表达式 2);
```

不同于 while 语句,do-while 语句会先执行一次循环体,然后判断表达式 2 的值,如果为真,则继续执行循环体的语句,如果为假,则退出循环。

【例 3-10】　设计一个延时子程序。

解　如图 3-1 所示,实现延时可以分为非精确延时和精确延时两种方式。使用 for 循环或 while 循环可以实现非精确延时,可以用在流水灯延时或按键消除抖动上。

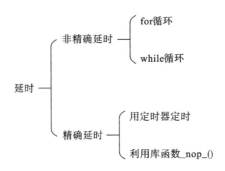

图 3-1 延时实现的方法

精确延时可以借助硬件定时器实现(后面章节会讲述),还可以使用库函数 nop(一个 NOP 的时间是一个机器周期的时间)。需要注意的是,机器周期的时间与晶振有关,所以在设计延时程序时需要知道晶振的频率。由于单片机的时钟频率和指令执行的时间不同,所以延时的准确计算可能需要根据具体的单片机型号和时钟频率来确定。

例如下面一段 C 语言程序,通过编译器会转换成汇编指令。在 Keil 软件中,调试时可以看到反汇编的代码。指令在机器上执行的时钟周期数是固定的,执行程序"总时间时钟周期数与时钟频率乘积"即为延时的时间。下面以晶振为 12 MHz 设计延时函数。

```
void delay_ms(unsigned int tempms)
{
    unsigned char i,j,k;           //定义变量 i,j,k
    for(i=0;i<tempms;i++)          //第三层外循环
    {
        j=12;
        k=169;
        do
        {
        while(--k);                //第一层内循环
        } while(--j);              //第二层内循环
    }
}
```

STC-ISP 软件的延时计算器允许用户通过简单的设置,轻松生成所需的延时函数。用户只需在软件界面上输入系统频率和所需的延时时间,选择 8051 指令集,软件便会根据这些信息自动计算出相应的延时代码,并生成对应的 C 语言代码或汇编代码。这一功能极大地简化了延时函数的编写过程,提高了开发效率。需要注意的是,STC15F2K60S2 对应的 8051 指令集是"STC-Y5","STC-Y5"对应的是 STC15 系列。如果是其他系列的单片机,则可能延迟函数表达上有所不同。软件延时有一些误差,如果想更精确,则可以使用定时器延时的方式。软件生成的延时函数如图 3-2 所示。

在实际应用中,延时函数的使用场景非常广泛。例如,在嵌入式系统开发中,延时函数常用于控制硬件设备的启动顺序、调整数据传输速率等。STC-ISP 软件提供的延时函数生成器为用户带来了极大的便利。它不仅简化了延时函数的编写过程,提高了开发效率,还保证了系

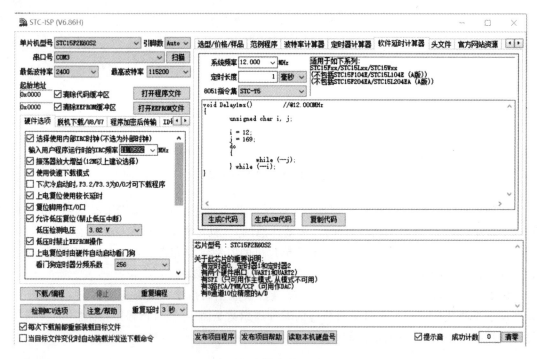

图 3-2　软件生成的延时函数

统的稳定性和可靠性。

3.4　C51 函数

函数是程序设计中很重要的一个部分,C51 语言继承了 ANSI C 函数定义的方法,并在选择函数的编译模式、所用工作寄存器组、定义中断服务函数、指定再入方式等方面进行了扩展。

3.4.1　函数的定义

C51 语言定义函数的一般格式如下:

函数类型 函数名(([形式参数表]))[编译模式][reentrant][interrupt n][using m]
{
　　局部变量定义;
　　函数体语句;
}

其中:函数类型、函数名是必选项,后面五项是可选项。在 ANSI C 函数扩展的主要是编译模式、reentrant、interrupt n 和 using m。下面将对不同之处进行详细说明。

(1) 函数类型说明函数返回值。bit 位变量是 C51 编译器的一种扩充数据类型,函数可包含类型为“bit”的参数,也可以将其作为返回值。

(2) 编译模式有 SMALL(小模式)、COMPACT(紧凑模式)、LARGE(大模式)共 3 种类型,用来指定函数内局部变量的存储器类型,各种编译模式的默认存储器类型在"3.1.2"节已经讲述。

(3) reentrant 修饰符用于把函数定义为可再入函数。所谓的可再入函数就是允许被递归调用的函数。

(4) interrupt n 是 C51 函数中的一个重要修饰符,主要用于中断函数。其中,n 的取值为 0~31(中断号),n 为"0",代表外部中断 0;n 为"1",代表定时/计数器 T0;n 为"2",代表外部中断 1;n 为"3",代表定时/计数器 T1;n 为"4",代表串行口中断。

【例 3-11】 编写一个统计外部中断 0 的中断次数的中断服务函数。

解:

```
int x;
voidcountint0() interrupt 0 using 1
{
    x ++;
}
```

注意:中断函数不能进行参数传递,否则将会编译出错;中断函数没有返回值,如果需要使用值,建议设计为全局变量;中断函数的返回是由 8051 单片机的 RETI 指令完成的,在任何情况下都不能直接调用中断函数,否则可能产生错误;中断函数最好写在文件的尾部,防止其他程序调用。中断函数的具体用法会在第 5 章中详细讲述。

(5) using m 选项用于确定函数所用的工作寄存器组,其中 m 取指为 0~3。m 为 0,对应 R0~R7 的地址范围为 00H~07H。

using m 选项为可选项,如果使用了,那么在 C51 编译时,会自动在该函数的开始和结束加入入栈、出栈操作,则函数会变成如下所示:

```
{
    PUSHPSW;
    MOVPSW,# 常数;        //根据 m 的值修改 PSW 中的 RS1 和 RS0
    ......//原函数语句
    POP PSW;
}
```

在非中断函数中,尽量不使用 using m 选项,避免发生错误。using m 选项不能用于有返回值的函数,因为 C51 函数的返回值放在寄存器中,如果寄存器发生变化,返回值也会发生错误。

3.4.2 可再入函数

可再入函数,指的是那些在执行过程中不会改变其自身代码,也不会使用任何非局部变量(如全局变量或静态变量)的函数。换言之,一个可再入函数能够被中断并由另一个任务(或线程)再次调用,而不会产生错误或不可预测的结果。可再入函数的作用主要包括以下几个。

线程安全:在多线程程序中,确保多个线程可以同时调用同一函数而不引发问题。

中断安全:在中断服务例程中,可再入函数可在被中断的同时安全执行,因为它不依赖于共享状态。

递归调用:可再入函数通常可以安全地递归调用,因为每次函数调用都会有自己的局部变量副本。

例如下面可再入函数的定义:

```
int function(int a, int b) reentrant {
    int sum=a+b;        //使用局部变量
    return sum;         //不依赖于全局变量或静态变量
}
```

在上面的例子中,function 是一个可再入函数,因为它仅使用了作为参数传递的值以及局部变量。调用函数时,ANSI C 会将参数和局部变量压入堆栈保护。C51 堆栈使用的空间相对有限,调用时使用固定的存储空间传递参数和保护局部变量,可能会将局部数据区域覆盖,所以,通常 C51 函数是不可再入的。

C51 语言必须使用 reentrant 关键字来声明函数是可再入的,这样,C51 编译器会为函数创建一个模拟堆栈,实现函数调用时参数和局部变量的保护,解决数据被覆盖的问题。通常,可再入函数会占用较大内存空间,运行速度相对较慢,不允许使用 bit 型参数和局部变量。

在实际应用中,尤其是嵌入式系统或多线程应用中,确保函数的可再入性是非常重要的。当设计和实现这样的函数时,开发者需要考虑数据的封装和状态管理,以确保代码的健壮性和正确性。

3.4.3　库函数

Keil C51 编译器附带了一套为 8051 架构优化的标准库函数,这些函数涉及字符输入/输出、数学计算、移位和延时等功能。程序员在开发设计过程中,通过对库函数的调用,使得程序结构清晰、代码简单,易于开发和维护。

每个库函数都在相应的头文件中给出了函数原型声明。在使用时,必须在源程序的开始处使用预处理命令"♯include"将有关的头文件包含进来。C51 库函数中类型的选择考虑到了 8051 单片机的结构特性,用户在自己的应用程序中应尽可能地使用最小的数据类型,以最大限度地发挥 8051 单片机的性能,同时可减少应用程序的代码长度。

1.　本征函数库

本征函数是由编译器直接识别并转换为一系列机器指令的函数,而不是通过通常的函数调用机制。当编译器看到本征函数的调用时,它会直接将固定的代码插入到当前行,而不是生成对库函数的调用。这样做的好处是可以减少函数调用的开销,提高执行速度,节省空间。表 3-9 列出了本征函数库的函数及功能,使用时需要添加"intrins. h"头文件。

表 3-9　本征函数库的函数及功能

函数名	原　　　型	功　　能
crol	unsigned char _crol_(unsigned char val, unsigned char n)	循环左移函数,将字符型、整数型、长整数据 val 循环左移 n 位
irol	unsigned char _irol_(unsigned int val, unsigned char n)	
lrol	unsigned char _lrol_(unsigned long val, unsigned char n)	

函数名	原　　型	功　　能
cror	unsigned char _cror_(unsigned char val,unsigned char n)	循环右移函数,将字符型、整数型、长整数据 val 循环右移 n 位
iror	unsigned char _iror_(unsigned int val,unsigned char n)	
lror	unsigned char _lror_(unsigned long val,unsigned char n)	
testbit	bit_testbit_(bit x)	测试位变量并跳转,同时将位变量清零
chkfloat	uchar _chkfloat_(float ual)	检查浮点数的类型
nop	void _nop_(void)	空操作,用于延时

2. 主要的函数库和头文件

C51 的函数库里函数较多,表 3-10 中列出一些常见的函数库和头文件,方便大家查重,更详细的函数可以参见附录。

表 3-10　C51 常见的函数库和头文件

头　文　件	函数库名称	常用函数或说明
stdio.h	输入/输出函数库	getchar、printf、putchar、scanf 等
ctype.h	字符函数库	isalpha、isalnum 等
string.h	字符串函数库	strlen、strcmp、memcmp 等
stdlib.h	标准函数库	atoi、atof、malloc、free 等
math.h	数学函数库	abs、cabs、log 等
absacc.h	绝对地址访问函数库	宏定义,确定各存储空间的绝对地址

3.5　C51 程序组成及实例

一个 C51 程序由一个程序单位或多个程序单位组成,每个程序单位作为一个文件。在程序编译时,编译系统分别对各个文件进行编译。C51 程序可以由一个或多个函数构成,其中包含一个主函数 main。程序从 main 函数开始执行,调用其他函数后又返回 main 函数,函数之间可以互相调用。与 ANSI C 类似,一个 C51 程序的基本组成如图 3-3 所示。

3.5.1　预处理

一个 C 文件需要经过预处理、编译、汇编和链接生成可执行的目标文件。C51 程序提供了预处理命令,将包含的文件插入源程序中,将宏定义展开,根据条件编译选择相应的代码,然后将预处理的结果和源代码一并编译。

预处理命令以"♯"开头,后面不加分号,包括"文件包含""宏定义"和"条件编译"。通常情况下,预处理命令放在文件的开头。

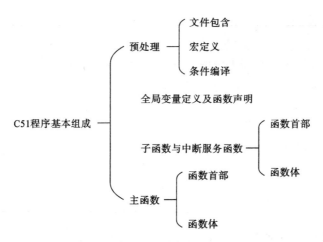

图 3-3 一个 C51 程序的基本组成

1. 文件包含

文件包含是指将另一个指定文件的全部内容包含在本程序文件中,格式如下所示:

```
#include<文件名>     //通常是标准或系统提供的头文件,在目录(Keil\C51\INC)中
#include"文件名"     //通常是自定义的头文件,在当前目录中查找文件
```

例如:

```
#include <STC15F2K60S2.h>    //stc15F2K60S2 单片机的头文件
#include "Delay.h"           //自定义的延迟函数的头文件,可以直接调用函数
```

编写单片机的 C51 程序时,必须在程序中包含当前使用的单片机的头文件。单片机型号对应的头文件里定义了内核特殊功能寄存器、I/O 口特殊功能寄存器、系统管理特殊功能寄存器、中断特殊功能寄存器、定时器特殊功能寄存器等信息,方便后面程序的开发。

2. 宏定义

宏定义指令,是由"♯"和关键字"define"组合而成的。它的作用是文本替换,使用标识符来代替或替换列表中的内容。使用宏定义可以提高程序的通用性、易读性,同时在后期程序调试和维护中便于修改。

宏定义中标识符通常使用大写字母,它的有效范围从定义开始到文件结束,可以出现在程序的任何地方,通常会放在文件开头。如果要终止宏定义的作用域,可以使用"♯undef"命令。

宏定义的格式如下所示:

```
//不带参数,预处理只做简单的字符替换,编译时进行语法检查
#define 标识符  字符串
//带参数,标识符替换成字符串,同时将字符串的参数用实际使用的参数替换
#define 标识符(参数表)  字符串
```

例如:

```
#define PI 3.14 //PI 代表 3.14
#define ucharunsigned char   //uchar 代表数据类型 unsigned char
```

```
#define SQU(a,b) a*a+b          //程序中如果使用 SQU(5,6),预编译会替换成(5*5+6)
```

3. 条件编译

条件编译是预编译器指示命令,用于控制是否编译某段代码。条件编译使得我们可以按不同的条件编译不同的代码段,因而可以产生不同的目标代码。实际工程中条件编译可以用于区分编译产品的调试版和发布版、不同的产品线共用一份代码。

与 ANSI C 类似,C51 语言编译器提供了♯if、♯ifdef、♯ifndef、♯else、♯endif 条件编译预处理命令。

例如:

```
#ifdef CPU1
.....
#else
.....
#endif
//使用条件编译可以让同一份代码适应不同的设备或 CPU 的不同版本。
```

3.5.2 全局变量定义及函数声明

全局变量是定义在函数外部,通常是在程序的顶部。全局变量在整个程序生命周期内都是有效的,在任意的函数内部都能访问全局变量。对于 C51 程序来说,全局变量的定义方法与 ANSI C 相同,但数据类型为 sbit、sfr、sfr16 的变量必须定义为全局变量。

本章节前面已经介绍过,一个 C51 程序可以有多个函数。如果需要在函数前面调用另一个未定义的函数,就需要提前进行函数的声明。声明和定义的规则与 ANSI C 相同。对于单片机的程序设计,通常可以先声明子函数,再定义主函数,最后定义子函数。

3.5.3 主函数

一个 C51 程序只有一个主函数 main,主要包含三部分:局部变量定义、初始化和执行部分。

局部变量定义放在主函数的开头,否则编译时容易报错。

初始化可以完成 I/O 口、定时器和中断等初始设置操作。通过初始化操作,可以确保程序在执行主体逻辑之前,各个硬件和软件资源处于正确的状态。如果初始化的操作过多,可以定义一个初始化的子函数。

执行部分主要根据具体的应用场景完成相应的功能。单片机系统通常完成控制外设、信号检测处理和简单人机交互等功能。

3.5.4 程序实例

【例 3-12】 选用 STC15F2K60S2 单片机,用 4 个按键控制 4 个 LED 灯的显示,按 S0 键,B0、B4 灯亮;按 S1 键,B1、B5 灯亮;按 S2 键,B2、B6 灯亮;按 S3 键,B3、B7 灯亮。其他情况下,所有灯都不亮。S0～S3 按键连接管脚 P1.0～P1.3,按键闭合时连接低电平;P2.0～P2.7 连接灯 B0～B7,当输出电平为低时,LED 灯亮。

解 由题目要求可知,先读 P1.0～P1.3 的输入值,根据输入状态控制 P2 管脚的输出。

参考程序如下:

```
# include <STC15F2K60S2.h>          //包含头文件
# define uchar   unsigned char      //宏定义 数据类型 uchar
sbit KEY_S0=P1^0;                   //定义位变量,表示按键
sbit KEY_S1=P1^1;                   //定义位变量,表示按键
sbit KEY_S2=P1^2;                   //定义位变量,表示按键
sbit KEY_S3=P1^3;                   //定义位变量,表示按键

void main(void)
{
    uchartemp;                      //定义局部变量,用来获取读到的数值
    P1=0xff;                        //设置管脚可输入
    while(1)
    {
        temp=P1;                    //读 P1 管脚的值
        switch(temp&0x0f)
        {                           //根据按键的状态控制不同的 LED 灯亮
            case 0x0e:P2=0xee;break;
            case 0x0d:P2=0xdd;break;
            case 0x0b:P2=0xbb;break;
            case 0x07:P2=0x77;break;
            default:P2=0x00;break;
        }
    }
}
```

【例 3-13】 选用 STC15F2K60S2 单片机,P1.1 接口控制 1 个 LED 灯的显示,当输出电平为低时,LED 灯亮。编程实现 LED 一直闪烁。

解 分析执行过程,画出流程图。

```
# include <STC15F2K60S2.h>          //包含头文件
# define uint unsignedint           //宏定义 数据类型 uint
sbitLed1=P1^1;                      //定义位变量
void delay_ms(unsigned int tempms); //延迟子函数声明
void main(void)
{
    uinttemp=50;                    //定义局部变量,用来设置延迟的时间
    while(1)
    {
        Led1=～Led1;                 //翻转电平,执行亮灭转换
        delay_ms(50);               //调用子函数,延迟 50 ms
    }
}
```

```
voiddelay_ms(unsigned int tempms)        //定义子函数
{
  unsigned int i,j,k;
  for(i=0;i<tempms;i++)
  {
    j=12;
    k=169;
    do
  {
    while(--k);
    }while(--j);
  }
}
```

3.6　Keil μVision5 开发环境

Keil μVision5 是一款流行的嵌入式开发环境,广泛应用于微控制器和嵌入式系统的开发。它是由 Keil Software 公司开发的,为开发者提供了编写、编译、调试、仿真等一系列工具。开发人员利用 Keil μVision5 开发环境编辑 C 语言或汇编语言源文件,然后由编译器编译生成目标文件.obj,再创建生成库文件,连接生成绝对目标文件.abs,.abs 文件再转换成标准的.hex 文件,以供调试器进行源代码级调试,也可由仿真器直接对目标板进行调试,也可以直接写入程序存储器中。

Keil μVision5 软件可以通过官方网站下载,安装相对简单。下面通过工程的创建讲解开发环境的使用。

3.6.1　创建工程

1. 添加型号、头文件和 STC 仿真驱动

Keil 软件不支持 STC 系列的芯片,需要自己手动添加相应的文件。使用宏晶官网提供的 STC-ISP 工具,根据项目使用的单片机芯片添加型号、头文件和 STC 仿真驱动,添加成功后,就能在 Keil 软件新建工程的时候选择 STC MCU。

(1) 打开 STC-ISP 软件,在 STC-ISP 右上方选择"Keil 仿真设置"标签,单击"添加型号和头文件到 Keil 中"按钮。Keil 仿真设置标签界面如图 3-4 所示。

(2) 在"浏览文件夹"对话框里选择 Keil 的安装目录,确定目录下有"C51"和"Uvx"目录,点击"确定"按钮。路径选择界面如图 3-5 所示。然后 STC-ISP 弹出"STC MCU 型号添加成功!"对话框。添加成功后,"C:\Keil_v5\C51\BIN"文件夹中出现 STC Monitor51 仿真驱动程序"stcmon51.dl",同时"C:\Keil_v5\C51\INC\STC 文件夹中出现 STC 头文件,在 Keil 软件中新建工程选择芯片型号时,便会有"STC MCU Database"选项,就可以从 MCU 列表中选择单片机型号。

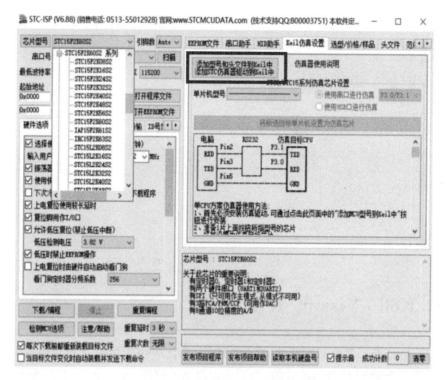

图 3-4　Keil 仿真设置标签界面

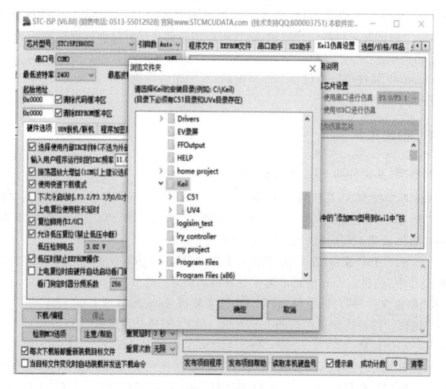

图 3-5　路径选择界面

2. 创建一个新工程

（1）打开 Keil 软件，进入 Keil μVision5 集成开发环境，来到初始界面，如图 3-6 所示。

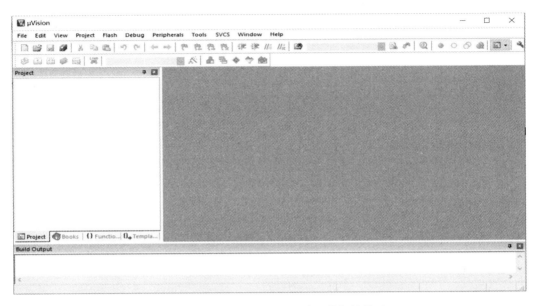

图 3-6　Keil μVision5 集成开发环境初始界面

（2）新建工程，可以点击菜单的"Project"的"New μVision Project…"选项，如图 3-7 所示。

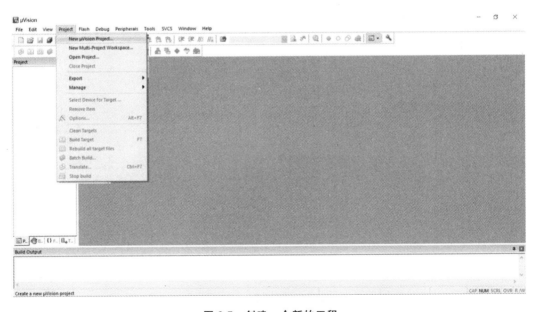

图 3-7　创建一个新的工程

（3）选择工程保存的路径。工程文件相对较多，为了便于文件的后期管理，建议创建一个新的文件夹，工程统一放在一个文件夹下。在新创建的文件下命名工程名，一般工程名根据项目名命名,尽量使用英文字符。最后,单击保存按钮。工程文件命名及保存如图 3-8 所示。

图 3-8　工程文件命名及保存

（4）选择项目所用的单片机型号。在出现的对话框里,选择"STC MCU Database",然后在下面的列表中选中"STC15F2K60S2 Series",最后点击"OK"按钮。设置单片机型号如图 3-9 所示。

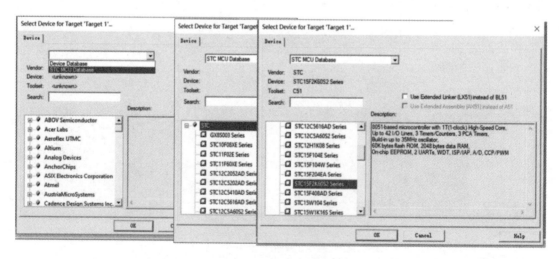

图 3-9　设置单片机型号

（5）选好单片机型号,则会出现集成开发环境的主界面,则工程创建成功,如图 3-10所示。

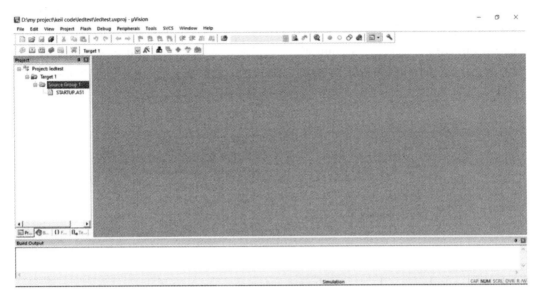

图 3-10　工程创建成功界面

3.6.2　编辑与调试

（1）在工程界面中，点击菜单"File"下的"New…"或界面快捷图标，新建一个文件，用于编写代码。

（2）编写代码后，单击"File"菜单下的"Save"菜单项或文件工具栏中的"Save"按钮，在打开的对话框中输入文件名"main.c"，然后点击"保存（S）"按钮，如图 3-11 所示。当保存完文件以后，关键字则会以特殊的颜色出现，方便用户检查拼写的错误。

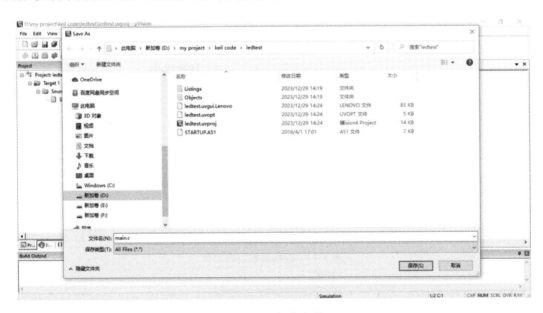

图 3-11　保存文件

（3）将保存的文件添加到工程中。点击 Keil 开发环境左侧"Project"侧边栏中"Project：ledtest"（项目名）下的"Target 1"的"Source Group 1"，再右击，在显示的菜单中左击"Add Existing Files to Group 'Source Group 1'…"，如图 3-12 所示。在弹出的对话框里选中刚才保存的源文件，点击"Add"按钮即可，如图 3-13 所示。添加成功后，会在左侧的项目工程下看到"main.c"。

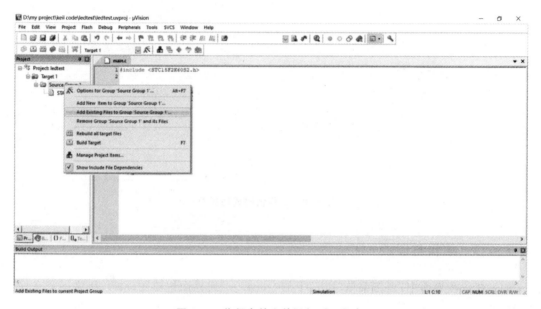

图 3-12 将保存的文件添加到工程中

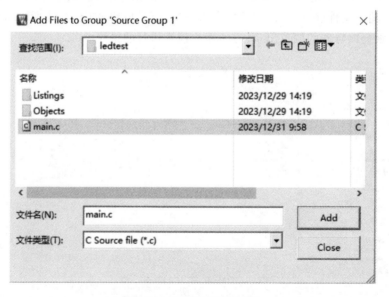

图 3-13 选择添加的源文件

（4）代码编写完后，点击工具栏的"Build"按钮 编译工程，编译的输出信息会在窗口下方显示。如果显示 0 个错误和 0 个警告，则说明编译成功，如图 3-14 所示。如果源程序有语法错误，则会显示错误类型和错误的位置，可以根据提示进行修改，直到编译成功为止。

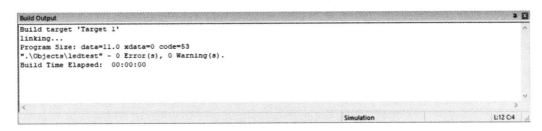

图 3-14　编译成功信息

（5）编译正确后，可以开始调试，单击"Debug"菜单下的"Start/Stop Debug Session"或者工具栏中的"Start/Stop Debug Session"按钮![icon]进入调试界面，如图 3-15 所示，程序会停在第一条语句中。调试界面显示的信息相对较多，左侧是常用寄存器信息（R0～R7、SP、PC、dptr、psw 等）；中间的"Disassembly"显示了反汇编的信息，可以看到机器码和指令信息；下方的"Call Stack＋Locals""Memory 1"分别显示堆栈和内存信息。用户可以根据程序具体情况进行调试。

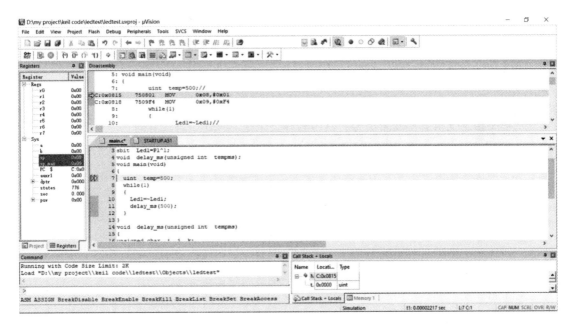

图 3-15　调试界面

（6）如果要下载程序到开发板，则需要生成目标代码，但 Keil 默认情况下不生成目标代码（.hex），需要在工程中设置。在工具栏中点击"Option for Target 'Target 1'"按键![icon]，在打开对话框中单击"Output"标签，勾选"Create HEX File HEX Format：HEX-80"，如图 3-16 所示。重新编译后，在工程文件下会有与工程名同名的 HEX 文件。

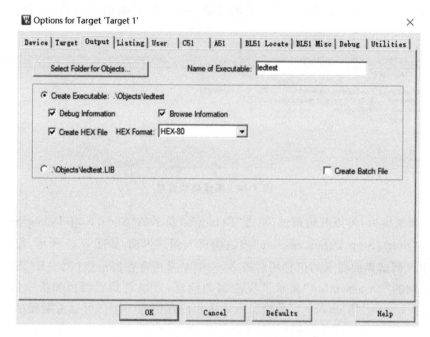

图 3-16　设置生成目标代码文件(.hex)

课后习题

1. C51 语言支持哪些变量类型？其中哪些类型是 ANSI C 所没有的？

2. 简述 C51 语言的数据存储类型。

3. 简述 C51 语言对位变量、特殊功能寄存器的定义方法。

4. 在 C51 中,一个一般指针变量占用_____字节,_____字节存放存储器类型。

5. 通过关键字_____可以将变量存储在外部 RAM 区,地址范围为_____。

6. 在下列语句中,(　　)可以实现管脚 P10 的状态翻转。

A. P10＝～P10　　　　B.！P10　　　C. P1^=1　　　D. P1&＝(1＜＜0)

7. 在下列存储器类型中,访问速度最快的是(　　　)。

A. idata　　　　　B. xdata　　　C. pdata　　　D. data

8. 按照给定的数据类型和存储器类型,写出下列变量的说明形式。

(1) 在 data 区定义字符变量 Val1。

(2) 在 idata 区定义整型变量 Val2。

(3) 在 code 区定义无符号字符型数组 Val3[6]。

(4) 在 data 区定义一个指向 xdata 区无符号整型的指针 pi。

(5) 在 bdata 区定义无符号字符型变量 key,定义其第 0 位为 k0。

(6) 定义特殊功能寄存器变量 P1 端口,定义其第 1 位端口 P1.1。

9. 为了提高程序的运行速度,频繁使用的变量适合定义在哪个存储区？

10. 如何定义 C51 的中断函数?

11. 使用宏来访问绝对地址时,一般需要包含哪个库文件?

12. 当执行"P1＝P1&0x0f;"语句时,相当于对 P1.0 执行什么操作?

13. 在程序预处理部分,如果有"＃include ＜STC15F2K60S2.h＞"语句,想对 P1.0 置 0,可执行语句如何编写?

14. 编写程序,完成 1～100 的求和。

15. 编写程序,分别完成下列的功能。

(1)用绝对宏实现:读取外部数据存储器 0x40 的内容,并送到内部数据存储器 0x30 单元。

(2)用指针实现:读取外部数据存储器 0x30 的内容,并送到内部数据存储器 0x20 单元。

(3)用_at_关键字实现:读取外部数据存储器 0x20 的内容,并送到内部数据存储器 0x20 单元。

(4)用_at_关键字实现:读取程序存储器 0x0400 的内容,并送到外部数据存储器 0x40 单元。

第4章 I/O 口应用

学习目标

◇ 掌握 GPIO 口的输入、输出控制。

◇ 掌握数码管的显示控制。

◇ 掌握独立按键和矩阵键盘的处理流程。

知识点思维导图

在嵌入式系统中,人机交互部分是系统与用户之间的重要桥梁。通过键盘、数码管、显示屏等输入/输出设备,用户可以向系统发送指令,同时系统也能够向用户展示信息和反馈信息。

本章将重点关注数码管显示控制和按键接口处理。通过学习如何控制数码管的显示,可以掌握基本的 I/O 控制应用;学习如何检测按键的按下和释放,以及如何处理按键的抖动问题。

在实际应用中,需要根据具体的需求和场景选择合适的输入/输出设备,并结合所学的 I/O 控制应用知识,实现稳定、可靠、用户友好的人机交互方式。

4.1 发光二极管

发光二极管(light emitting diode,LED)是一种能够将电能转换为光能的半导体器件。它是基于半导体 PN 结的特性,当正向电压施加于 LED 时,PN 结两侧的电荷会发生复合,从而释放出能量,以光的形式发射出来,具有单向导电性。发光二极管符号如图 4-1 所示。

阳极（＋）　　　　　　　阴极（－）

图 4-1　发光二极管(LED)符号

在使用发光二极管时,首先要弄清楚发光二极管的正负极性。如果是插件二极管,则可以根据引脚的长度判断,识别口诀是"长正短负"。贴片的二极管需要看标识,若带小缺角,则带小缺角的那一端是负极,另一端是正极。不管是属于哪种类型的,都可以借助万用表来判断。具体方法:首先,将万用表调至二极管测试挡位;然后,将万用表红表笔和黑表笔分别连接发光二极管的两侧。观察结果:如果万用表有读数,则二极管会发光,表明红表笔连接的是二极管的正极,黑表笔连接的是负极;如果万用表没有读数,则将表笔互换再测一次,如果两次都没有数据,则表明发光二极管可能损坏。

单片机与发光二极管(LED)的连接通常有两种方式,如图 4-2 所示。一种是低电平驱动,当单片机管脚输出"0"电平时,若二极管另一侧连接高电平,则发光二极管导通就会亮,当单片机管脚输出"1"电平时,则发光二极管不导通就不会亮。另一种是高电平驱动,与低电平的原理类似,但点亮的条件变为单片机管脚输出"1"电平。

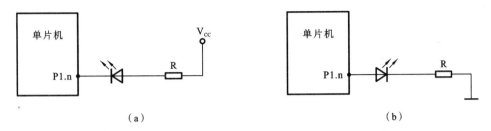

图 4-2 单片机与发光二极管(LED)的连接方式

使用发光二极管可以实现各种图案的流水灯。

【**例 4-1**】 如图 4-3 所示,P1 口连接 8 个 LED 灯,编写程序实现 LED 灯循环点亮,即从上到下,再从下到上依次亮点,按照 P1.0→P1.1→P1.2→···→P1.7→P1.6→···→P1.0 顺序。

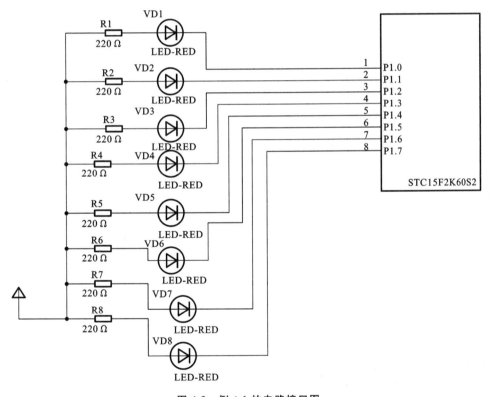

图 4-3 例 4-1 的电路接口图

解 如图 4-3 所示,单片机与 LED 是低电平驱动,当单片机对应的管脚输出低电平时,则 LED 灯亮,然后延迟 50 ms,再点亮下一个 LED 灯,如此循环控制。

参考程序如下:

```
# include <STC15F2K60S2.h>
# include <intrins.h>
#define uint unsigned int
void delay_ms(unsigned int tempms);
```

```
void main(void)
{
    unsigned char i=0;
    P1=0xFE;//
    while(1)
    {
        for(i=0;i<7;i++)
        {
            P1=_crol_(P1,1);
            delay_ms(50);
        }
        for(i=0;i<7;i++)
        {
            P1=_cror_(P1,1);
            delay_ms(50);
        }

    }
}
void  delay_ms(unsigned int tempms)
{
  unsigned char i, j,k;
  for(i=0 ;i<tempms;i++)
  {
    j=12;
    k=169;
    do
    {
    while(--k);
    }while(--j);
  }
}
```

4.2   数码管的应用

数码管是一种半导体发光器件,它的基本单元就是发光二极管。常见的数码管有七段数码管和八段数码管,主要用来显示数字或字母,八段数码管比七段数码管多一位小数点的显示。如果显示多位数字时,可以使用多位数码管,即将若干个八段数码管连在一起。

4.2.1   单位数码管

常见的八段数码管结构图如图 4-4 所示。当所有的发光二极管阳极连接到一起时,形成公共阳极的数码管,称为共阳极数码管。当所有共阳极端连接电源,而另一端连接低电平时,相应的字段就会点亮。同理,将所有的发光二极管阴极连接到一起,形成公共阴极的数码管,称为共阴极数码管。当所有共阴极端接地,而另一端连接高电平时,相应的字段就会点亮。

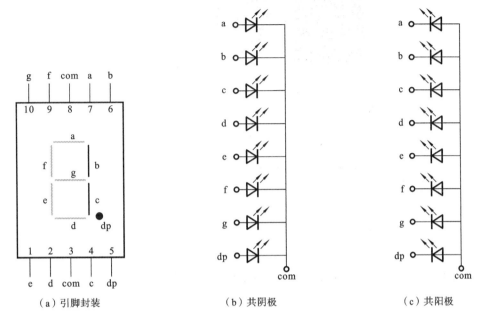

（a）引脚封装　　　　　　　（b）共阴极　　　　　　　（c）共阳极

图 4-4　常见的八段数码管结构图

如何显示一个数字呢?

以数字"1"为例,如果使用了共阳极数码管,共阳极一端接电源,b、c 端分别连接低电平,如图 4-4(a)中的数码管显示数字"1"。在实际运用中,将"a\b\c\d\e\f\g\dp"端用来控制数码管显示的字形。表 4-1 列出了数码管内各段的对应关系,段码位就是控制器给 LED 输入的数据(即段码,也称字形码)。如果显示数字"1",对于共阳极数码管,输入的数据就是"1111 1001"(即段码为 F9H);对于共阴极数码管,输入的数据就是"0000 0110"(即段码为 0x06)。单片机端口不能直接连接数码管段选,需要加限流电阻,以防止电流过大烧毁数码管。通常电阻阻值为 220 Ω,如果阻值过大,则数码管亮度较小;如果阻值过小,则会导致电流过大,数码管寿命会缩短。

表 4-1　数码管内各段的对应关系

段码位	D7	D6	D5	D4	D3	D2	D1	D0
显示段	dp	g	f	e	d	c	b	a

在工程应用中,通常使用数码管显示人机交互的信息,下面通过例题说明如何使用一位的数码管。

【例 4-2】　如图 4-5 所示,共阳极数码管公共端连接电源,请编程实现数码管依次显示数字"0～9"。

解　首先分析数码管的点亮条件。对于共阳极数码管,点亮某段,单片机对应的管脚输出低电平。依次将数字"0～9"对应的段码列出来,如表 4-2 所示。

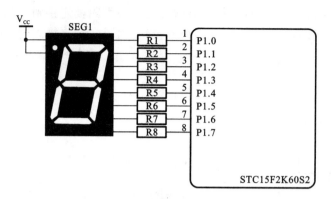

图 4-5　共阳极数码管电路接口图

表 4-2　共阳极数码管数字"0～9"对应的段码

显示	0	1	2	3	4	5	6	7	8	9
点亮段	abcdef	bc	abdeg	abcdg	bcfg	acdgf	acdefg	abc	abcdefg	abcdfg
段码	0xC0	0xF9	0xA4	0xB0	0x99	0x92	0x82	0xf8	0x80	0x90

　　在程序存储器中用数组存放段码信息,程序运行过程中,依次调用数组里对应的数据,并送到 P1 后输出。

　　参考程序如下:

```
#include <STC15F2K60S2.h>
#include <intrins.h>
#define uint unsigned int
void delay_ms(uint tempms);
code unsigned char LED_NUM[]={0xc0,0xf9,0xa4,0xb0,0x99,
                    0x92,0x82,0xf8,0x80,0x90};    //0～9数字的段码
void main(void)
{
    unsigned char i=0;
    P1=0xFF;                //初始状态数码管不亮
    while(1)
    {
        for(i=0;i<10;i++)
        {
            P1=LED_NUM[i];
            delay_ms(50);
        }
    }
}
void delay_ms(uint tempms)
{
unsigned char i, j,k;
for(i=0 ;i<tempms;i++)
```

```
{
    j=12;
    k=169;
    do
{
    while(--k);
}while(--j);
    }
}
```

4.2.2　多位数码管

单位数码管的控制相对简单,只需要传送段码信息即可。但单位数码管只能显示一个字符,而多位数码管则是由多个单位数码管组成的。多位数码管通常用来显示多个数字或字符,它们可以是 2 位、3 位、4 位甚至更多位的组合,每一位由一个单位数码管表示。多位数码管则适合显示更复杂的信息,如多位数的时间、日期、温度读数或者其他多位数值。多位数码管的控制也更复杂,因为需要控制更多的 LED 段以及选择正确的位来显示正确的字符。多位数码管通常会有多个共同的阳极或阴极引脚(一个引脚对应一位),以及每个段对应的引脚。这样可以通过选择性地给不同的位和段通电来控制显示特定的字符。多位数码管可以通过静态显示和动态扫描两种方式控制。

1. 静态显示

静态显示是指每个数码管的段选必须接一个 8 位数据线来保持显示的字形码,当送入一次字形码后,一直显示字形码,直到送入新字形码为止。这种方法的优点是占用 CPU 时间少、编程控制简单;其缺点是硬件电路比较复杂,如果使用 4 个静态数码管,那么就需要 32 个 I/O 管脚控制,对于主控芯片来说相当大。静态显示中,数码管在显示期间一直通电,所以亮度高。

2. 动态扫描

动态显示是将所有数码管的段选线并联在一起,由位选线控制哪一位数码管有效。选亮数码管采用动态扫描方式。所谓动态扫描显示,即轮流向各位数码管送出字形码和相应的位选,利用发光管的余辉和人眼视觉暂留作用,使人的感觉好像各位数码管同时都在显示。动态显示的亮度比静态显示的要差一些,所以在选择限流电阻时应略小于静态显示电路中的电阻。

下面通过一个实例来说明动态扫描的过程。四位一体共阳极数码管如图 4-6 所示。对于共阳极数码管来说,com1～com4 口分别控制四个数码管,com 口为高且 a～dp 为低,则可以点亮数码管。如果要显示年份"2023",首先,DIG. 1 导通,其他三个数码管截止,同时"a、b、d、e、g"为低电平(即段码 0xA4),最左边的数码管显示数字"2";然后,延迟 20 ms,DIG. 2 导通,其他三个数码管截止,传送段码 0xC0,则从左到右第二个数码管显示数字"0";接着,延迟 20 ms,DIG. 3 导通,其他三个数码管截止,传送段码 0xA4,则从左到右第三个数码管显示数字"2";最后,延迟 20 ms,DIG. 4 导通,其他三个数码管截止,传送段码 0xB0,则从左到右第四个数码管显示数字"3",并重复上述过程。在导通的过程中,每个数码管是依次亮的,但人眼看到的是所有的数码管一直点亮,这就是数码管的动态显示。数码管的动态显示过程信息如表

4-3 所示。动态显示的优点是节省引脚和驱动器,且可以显示多组数字;其缺点是显示不够稳定,需要一定的刷新频率。

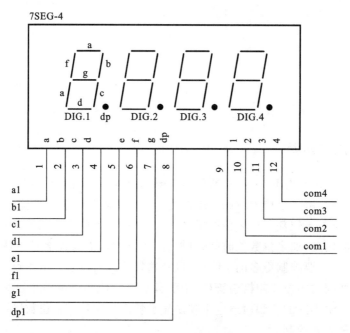

图 4-6　四位一体共阳极数码管

表 4-3　数码管的动态显示过程信息

字符	段码	位码(com1 com2 com3 com4)	显示状态
2	0xA4	1000	2
0	0xC0	0100	0
2	0xA4	0010	2
3	0xB0	0001	3

【例 4-3】　图 4-7 所示的电路原理图采用共阳极数码管,并要求采用动态显示原理显示日期的年份"2023"。

解　动态显示的步骤分别是先消隐,再位选通,然后输入段码,最后切换位选标志。通过正确消隐可以有效地避免数码管"鬼影"现象。为了保证数码管不出现乱码,可在合理时间范围内(1 ms～3 ms)定时刷新数码管。通过这种方式,可以避免数码管出现亮度不均、闪烁等情况。

参考程序如下:

```
# include <STC15F2K60S2.h>                         //包含头文件
//多位数码管
# define SEG(X) {P0=X;P2=(P2&0x1F|0xE0);P2 &=0x1F;}  //段选宏定义
# define COM(X) {P0=X;P2=(P2&0x1F|0xC0);P2 &=0x1F;}  //位选宏定义
# define uchar unsigned char
code uchar LED_NUM[]={0xc0,0xf9,0xa4,0xb0,0x99,
```

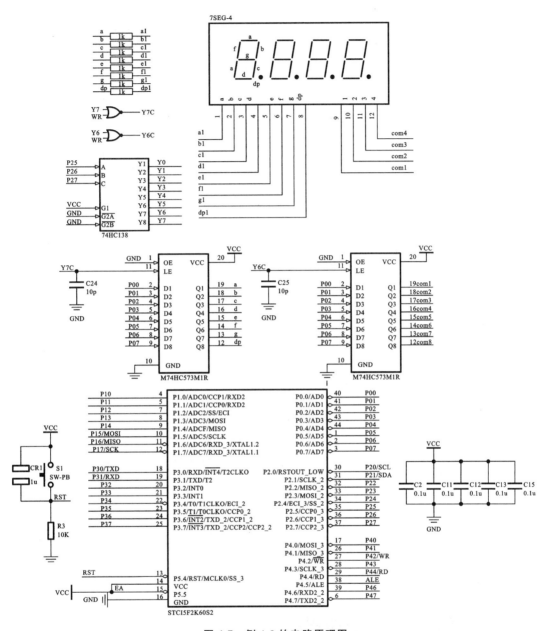

图 4-7 例 4-3 的电路原理图

```
    0x92,0x82,0xf8,0x80,0x90};          //0~9数字的段码
uchar dot=255;                          //显示小数点
uchar segbuf[4]={2,0,2,3};              //显示缓冲区
void delay_ms()                         //延迟函数
{
    unsigned int j,k;
        j=12;
        k=169;
        do
```

```
    {
        while(--k);
    } while(--j);
}


void SegShow(){
    static uchar com=0;
    SEG(0xff);                              //段选输入 0xff,可以将数码管消隐
    COM(1<<com);                            //控制当前数码管显示哪一位,位选
    if(com!=dot){                           //判断是否显示数码管的小数点
        SEG(LED_NUM[segbuf[com]]);          //不显示小数点
    }
    else{
        SEG(LED_NUM[segbuf[com]]&0x7f);     //显示小数点
    }
    if(++com==4)                            //每次显示完,com 加 1,转向下一位;同时判断
                                            //    是否显示完 4 位数字
    {
        com=0;
    }
}


void main()
{
    COM(0xff);                              //位选输入 0xff
    SEG(0xff);                              //段选输入 0xff
    while(1)
    {
        SegShow();                          //调用数码管显示
        delay_ms();                         //延迟约 1 ms
    }
}
```

4.3 键盘接口及处理程序

键盘一般由若干个按键组合成开关矩阵,它是最常用的单片机输入设备。按照其接线方式的不同可分为两种:一种是独立式按键接法;另一种是矩阵式接法。

4.3.1 独立式按键

独立式按键是指直接使用 I/O 口线构成的单个按键电路。每个键都单独占用一根线,所以每根 I/O 口线上按键的工作状态不会影响其他 I/O 口线上按键的工作状态。独立式按键可直接由单片机的 I/O 口接入,也可由扩展 I/O 口接入。独立式按键是由若干个机械触点开

关构成的,将其与单片机的 I/O 口线连起来,通过读 I/O 口的电平状态即可识别出相应的按键是否被按下。

图 4-8 为独立式按键的电路图。如果按键不被按下,则单片机连接的端口输入为高电平,如果相应的按键被按下,则相应的端口变为低电平。在这种按键的连接方法中,通常采用下拉电平接法,即各按键开关一端接低电平,另一端接单片机的 I/O 口,这是为了保证在按键断开时,各 I/O 口有确定的高电平。

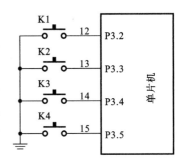

图 4-8　独立式按键的电路图

由于机械触点的弹性作用,在按键闭合或断开的时候,不可能立马稳定状态,会有一连串的抖动,按键电路抖动示意图如图 4-9 所示。如果发生按键抖动,则会引起端口信号被误读。为了防止单片机对按键的一次闭合仅做一次正确的处理,需要采取相应措施减少抖动带来的影响。常见的按键消抖方法有硬件消抖和软件消抖。

(1)硬件消抖:设计硬件电路,利用 RC 滤波器和施密特触发器实现。利用滤波电容的充放电过程消除抖动信号,输出一个平滑的信号;施密特触发器可以设置阈值,输入信号超过一定阈值才会输出对应的高电平或低电平,消除不稳定的信号。

(2)软件消抖:通常采用延时检测。在按键检测出闭合或断开后,等待一段时间的延时(10 ms 左右);抖动消失后,再检测一次按键的状态;这时信号相对稳定,如果检测出按键闭合或断开,与之前一致,则判定按键真的按下或抬起。

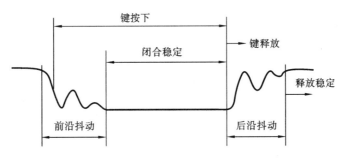

图 4-9　按键电路抖动示意图

【例 4-4】　电路如图 4-10 所示,单片机开机后,读取按键的闭合信息,按键闭合,则对应的 LED 灯亮(比如 KEY1 按键闭合,则 LED1 灯亮,KEY1 按键断开,则 LED1 灯灭)。试编写程序实现上述功能。

解　P1 管脚的状态:按键闭合时输入 0,按键未闭合时输入 1。按照题目要求,需要读取 P1 管脚的高 4 位,将高 4 位设置到低 4 位,从 P1 口输出控制 LED 的显示。按键闭合的管脚对应输出 0,相连的 LED 灯亮。

参考程序如下:

```
# include <STC15F2K60S2.h>          //包含头文件
# define uint unsigned int
void delay_ms(uint tempms)          //延时函数
{
```

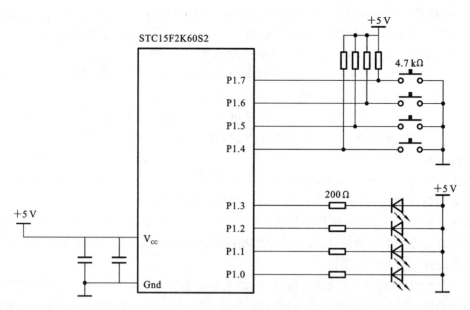

图 4-10　例 4-4 的电路图

```
    uint i,j;
    for(i=0 ;i <tempms;i++)
    for(j=0;j <110;j++)
}
void main()
{
    unsigned char temp;
    while(1)
    {
        if( P1 !=0xff )
        {
            delay_ms(20);              //延迟约 20 ms
            temp=P1>>4;                //读取高 4 位
            P1=(P1&0xf0) | temp;       //赋值低 4 位,控制 LED 灯
        }
    }
}
```

4.3.2　矩阵键盘

　　在一些嵌入式系统中,比如电子密码锁,按键的数量较多。如果使用独立式按键的模式,占用的 I/O 口较多,使用矩阵键盘可以解决这一问题。矩阵键盘是将按键排列成行列形式。矩阵键盘接口示意图如图 4-11 所示。每一个按键的两端分别连接行线和列线,通过逐行逐列扫描方法来识别按键的按下。

　　矩阵键盘的逐行逐列扫描方法可以先进行行扫描,也可以先进行列扫描。在行扫描中,逐

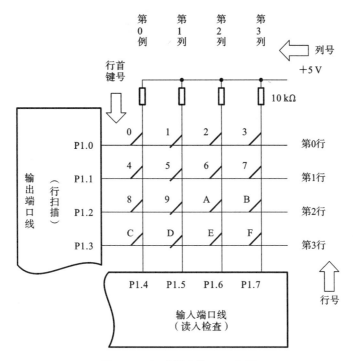

图 4-11　矩阵键盘接口示意图

行检测按键状态,而在列扫描中,逐列检测按键状态。下面以行扫描方法讲解按键识别过程。

（1）判断键盘中是否有按键按下。如图 4-11 所示,先将行线（即 P1.0～P1.3）都置为低电平,然后读取所有的列值（即 P1.4～P1.7）,如果有按键按下,那么读取的列值中有"0",通过对应管脚就可以找到被按下按键所在的列。

（2）进行行扫描,判断哪一个按键被按下,采用软件消抖的方式去抖。判断哪一个按键被按下,需要将行线逐行置低电平,检查对应的列输出状态。依次给行线输出低电平,然后读取列值,如果列值全为"1",则按键不在该行;如果读取的列值不全为"1",则按键在该行。结合上一步的列值,则可以判断出按键所在的具体位置。

（3）读取按键的位置码。

（4）将读取的位置码转换成代表的键值（0、1、2 等）,完成系统中实际的按键功能。

【例 4-5】　电路原理图如图 4-11 所示,请编程实现键盘扫描子程序。

解　可以利用每 10 ms 中断一次,执行扫描子程序,这样可以消除抖动,提升延时性。这里重点掌握矩阵键盘的扫描过程,矩阵键盘扫描流程图如图 4-12 所示。参考程序如下所示:

```c
#define uchar unsigned char
static uchar status=0;              //记录扫描状态
static uchar col=0;                 //记录列值
static uchar row=0;                 //记录行值
static uchar keycode=0;             //记录按键的键值
void ScanKeyboard(void)
{
    uchar i=0;
```

```
switch(status){
    case 0:                        //初始状态
        P1=0xf0;                   //将所有的行置 0
        if( P1 !=0xF0)             //读取列的值不等于全"1",则判断有按键按下
    {
            status=1;
        }
        break;
    case 1:                        //按键按下时,找到对应的列
    P1=0xf0;
    switch(P1)                     //判断哪一列按下
    {
        case 0xE0:
            col=0;                 //第 0 列被按下
            status=2;
        break;
        case 0xD0:
            col=1;                 //第 1 列被按下
            status=2;
        break;
        case 0xB0:
            col=2;                 //第 2 列被按下
            status=2;
        break;
        case 0x70:
            col=3;                 //第 3 列被按下
            status=2;
        break;
        default:
            status=0;
        break;
    }
    break;
    case 2:                        //行扫描,找到对应的行
        P1 &=0xfe;
        for(i=0;i<4;i++)
        {
            if(P1&0xf0)            //判断是否在该行
        {
            row=i;
            keycode=4*row+col;     //转换成对应的位置
            i=4;
        }
        P1=P1<<1;
        }
```

```
            break;
        case 3:                    //判断按键是否释放
            P1=0x0f;
            if(P1==0x0f){
                status=0;
            }
            break;
    }
}
```

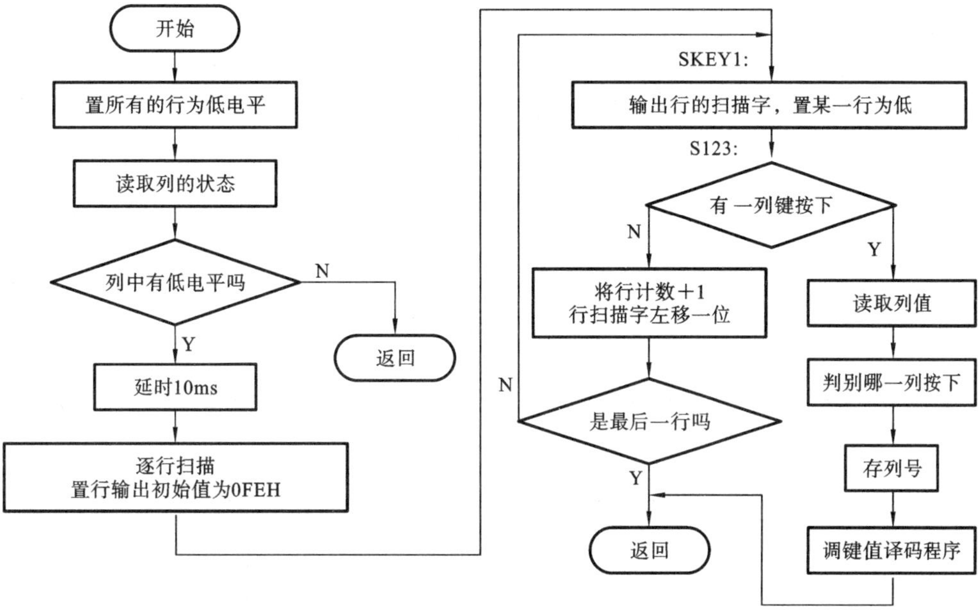

<!-- 流程图 -->

开始

置所有的行为低电平

读取列的状态

列中有低电平吗 —N→ 返回

Y

延时10ms

逐行扫描
置行输出初始值为0FEH

SKEY1:

输出行的扫描字，置某一行为低

S123:

有一列键按下 —Y→ 读取列值

N

将行计数＋1
行扫描字左移一位

是最后一行吗 —Y→ 返回

判别哪一列按下

存列号

调键值译码程序

图 4-12　矩阵键盘扫描流程图

4.4　设计案例：智能车花样动作

智能车花样
动作案例讲解

　　智能车是一个集环境感知、规划决策等功能于一体的综合系统，它集中运用了计算机、现代传感、信息融合等技术。随着电动车行业的发展，智能车有着广阔的应用前景。在课程中展开教学案例，利用智能车载体让学生掌握接口的使用。

　　【例 4-6】　选用 STC15 微控制器作为主控芯片、L293D 电机驱动芯片，单片机通过 I/O 控制电机驱动模块，驱动车轮完成小车运行。STC15 单片机外接芯片电路简化图如图 4-13 所示。

　　L293D 电机驱动芯片可以同时控制 2 个电机，电压的输入范围为 4.5 V～36 V，内部有 ESD 保护。当两个直流减速电机的转向、转速一致时，可完成小车的前进动作。电机方向控制逻辑如表 4-4 所示。其中，EN1 和 EN2 为使能控制，当处于高电平时，才可以控制 IN1～IN4 的高低电平改变电机的转向。当左电机的转速小于右电机的转速时，智能小车向左转动；

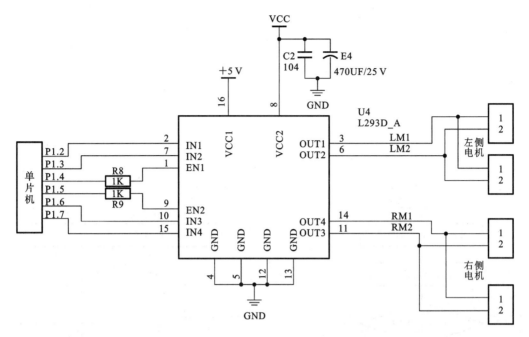

图 4-13 STC15 单片机外接芯片电路简化图

当右电机的转速小于左电机的转速时,智能小车向右转动。智能车的调速采用 PWM 方式,将在第 6.5 节介绍,本节掌握 I/O 控制部分。

表 4-4 电机方向控制逻辑表

运转状态	EN1	IN1	IN2	EN2	IN3	IN4
停止	1	0	0	1	0	0
前进	1	0	1	1	1	0
后退	1	1	0	1	0	1
左转	1	0	0	1	1	0
右转	1	0	1	1	0	0

定义相关变量,代码如下:

```
sbit L_EN=P1^4;
sbit L_IN1=P1^2;
sbit L_IN2=P1^3;
sbit R_EN=P1^5;
sbit R_IN3=P1^6;
sbit R_IN4=P1^7;
```

小车前进控制代码如下:

```
void CarForward()
{
    L_IN1=0;            //控制左轮正转
```

```
    L_IN2=1;
    R_IN3=1;              //控制右轮正转
    R_IN4=0;

    R_EN=1;               //右轮使能控制
    L_EN=1;               //左轮使能控制
}
```

在小车车速控制中,可以通过调整 R_EN、L_EN 管脚的高低电平时间来实现车速的控制。

控制小车后退、左转、右转,只需(按照表 4-4)修改 L_IN1、L_IN2、R_IN3、R_IN4 管脚的电平即可。参考程序如下:

```
voidCarBack()
{
    L_IN1=1;              //控制左轮反转
    L_IN2=0;
    R_IN3=0;              //控制右轮反转
    R_IN4=1;
    ......
}
```

小车左转控制代码如下:

```
void CarLeft()
{
    L_IN1=0;              //控制左轮反转
    L_IN2=0;
    R_IN3=1;              //控制右轮反转
    R_IN4=0;
    ......
}
```

小车右转控制代码如下:

```
voidCarRight()
{
    L_IN1=0;              //控制左轮反转
    L_IN2=1;
    R_IN3=0;              //控制右轮反转
    R_IN4=0;
    ......
}
```

花样动作课后练习:编程实现智能车完成一系列动作,间歇性前进、间歇性后退、左转与转圈掉头、右转与转圈掉头、间歇性前进与左转、间歇性后退与右转、转圈、程序停止。

课后习题

1. 简述如何判断发光二极管的正负极。
2. 简述共阴极数码管和共阳极数码管有什么区别。
3. 简述多位数码管动态扫描的原理。
4. 简述 4×4 矩阵键盘的行列扫描原理。
5. 电路接口如图 4-14 所示,编写程序完成下面的功能:开机后,数码管每端都亮,然后检测按键状态,如果没有按键按下,则数码管维持之前的状态;如果有按键按下(最多只有一个按键按下),则数码管显示按键的键值。

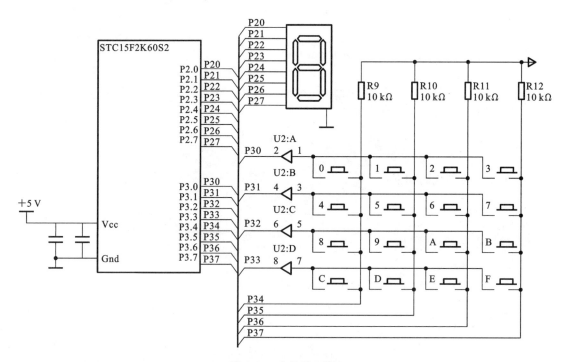

图 4-14 电路接口图

第 5 章 中 断 系 统

学习目标

◇ 了解中断的概念及其特点。
◇ 理解中断响应过程。
◇ 理解 51 单片机中断系统。
◇ 掌握 51 单片机中断程序结构及编写方法。

知识点思维导图

嵌入式系统要求实时性,即能够及时响应外部请求和内部事件。在单片机与外部设备进行信息交互的过程中,有无条件传送、查询、中断传送、DMA 等方式。了解这些交互方式对于信息处理非常必要。本章将介绍这几种方式的特点,重点以中断系统为主,讲解中断的应用,包含中断的相关概念、中断系统结构、中断响应和中断服务程序。

5.1 微机交互方式

5.1.1 无条件传送方式

无条件传送指的是 CPU 在与外设进行信息交互时,不去查询外设的状态,默认外设处于就绪的状态,直接传送数据。这种方式实现起来比较简单,不需要交互状态信息。当简单外设作为输入设备时,输入的数据保持时间相对于 CPU 的处理时间长得多,就可以采用无条件传送。例如,按键或数码管显示,在传送速度慢的情况下,CPU 默认外设为"准备好"的状态。

5.1.2 查询方式

查询方式传送数据时也称条件传送方式,主要用于解决外设与 CPU 之间速度匹配的问题。这种方式下,无论是输入还是输出,都以 CPU 为主动一方。在传送数据前,CPU 先询问外部设备是否就绪,直到确定外部设备处于"准备好"的状态,CPU 才开始传送数据。对于输入操作,需确定外设把要输入的数据准备好;而对于输出操作,需要确定 CPU 把之前的数据处理完毕。通过这种方式,可以确保数据传送的正确性。

如图 5-1 所示,查询方式传送数据的具体流程为:在接口中设置一个数据缓冲寄存器(读取数据)和一个设备状态寄存器(读取状态),CPU 初始化程序,并预置传送参数;CPU 发送查询命令,等待外部设备返回状态信息;如果返回"就绪",则开始传送数据,否则,CPU 一直询问等待;传送完一次数据,修改参数,并判断是否传送完毕,不断循环传送过程直到传送完毕。这种方式实现线路简单,程序控制容易,但缺点是一直占用 CPU 时间,CPU 利用率低。

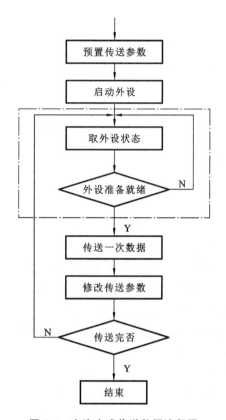

图 5-1　查询方式传送数据流程图

查询方式传送数据适用于外围设备较少且数据传输频率不高的情况,因为它不会带来太大的 CPU 开销。然而,在设备多、数据传输频繁的环境中,推荐使用中断传送方式,因为它能够更有效地利用 CPU 资源,同时可提供更好的实时性。

5.1.3　中断传送方式

所谓的中断,是指当 CPU 正在执行程序过程中,内部或外部发生了某一事件(比如电平的变化或定时器溢出等),CPU 终止当前的程序,转而执行内部或外部的请求处理,在事件处理完毕以后,CPU 又能够返回到之前程序中止的地方继续执行。中断是一种处理机制,它允许一个外围设备(如硬盘、网络接口卡)或内部系统事件(如计时器中断)来暂时停止当前的处理流程,以便 CPU 可以处理更紧急或更高优先级的任务。

中断方式示意图如图 5-2 所示,相比于查询方式,中断允许 CPU 和外设处于并行工作的状态,可以有效提高 CPU 的利用率,满足系统实时性的需求。

中断机制提高了嵌入式系统的效率和响应能力,因为它允许系统在不同任务之间灵活切换,特别是在处理需要即时反应的外部事件时。中断有两种主要类型:硬件中断和软件中断。硬件中断由外部硬件设备触发,而软件中断通常由程序中的特定指令触发,用于请求操作系统服务。

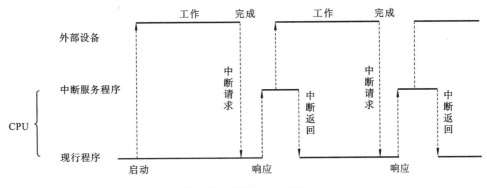

图 5-2 中断方式示意图

5.1.4 DMA

DMA 全称为 Direct Memory Access,即直接存储器访问。DMA 传输将数据从一个地址空间复制到另外一个地址空间,提供在外设和存储器之间或者存储器和存储器之间的高速数据传输。DMA 传输原理如图 5-3 所示,DMA 的作用就是解决大量数据转移过度消耗 CPU 资源的问题。有了 DMA,可使 CPU 更专注于实用的操作如计算、控制等。

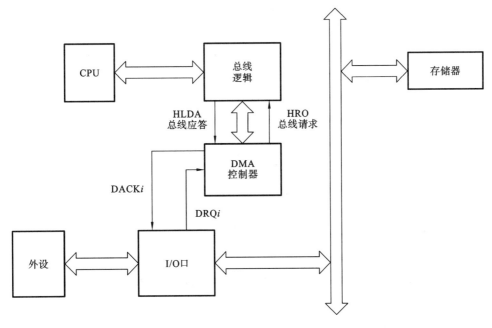

图 5-3 DMA 传输原理

5.2 中断基本概念

前面已经讲述了中断的定义,本节借助图 5-4 来描述中断的流程。通常将 CPU 正常运行

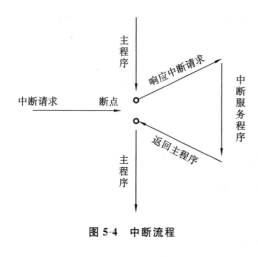

图 5-4　中断流程

的程序称为主程序,将引起中断的设备或事件称为中断源。

CPU 在执行主程序时,中断源提出处理请求,即中断请求。

CPU 接到中断请求后,暂停当前的主程序,转去执行中断服务程序,这个过程称为中断响应。

服务于中断事件的程序称为中断服务程序,中断服务程序根据中断处理的具体要求编写。在后面的章节会提到中断源的中断向量地址,中断向量地址就是中断服务程序的入口地址。

当中断服务程序执行完毕以后,CPU 返回之前主程序暂停的位置继续执行主程序,称为中断返回。

在中断服务程序中又响应了其他中断请求,称为中断嵌套,如图 5-5 所示。

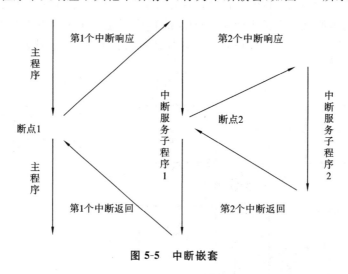

图 5-5　中断嵌套

理解中断处理的过程,后面可以正确利用中断机制编写程序,减轻 CPU 的工作负担。

5.3　STC15F2K60S2 单片机的中断系统

实现中断功能的部件称为中断系统,包含硬件设置和相应的软件系统。相比于传统的 51 单片机,STC15F2K60S2 单片机的中断源数量更多,支持 14 个中断源。STC15F2K60S2 单片机的中断系统结构如图 5-6 所示。

STC15F2K60S2 系列单片机提供了 14 个中断请求源,其中兼容传统 51 单片机的 5 个中断源为:外部中断 0(INT0)、定时器 0 中断、外部中断 1(INT1)、定时器 1 中断、串行口 1 中断。扩展的 9 个中断源为:A/D 转换中断、低压检测(LVD)中断、CCP/PCA 中断、串口 2 中断、SPI 中断、外部中断 2(INT2)、外部中断 3(INT3)、定时器 2 中断以及外部中断 4(INT4)。

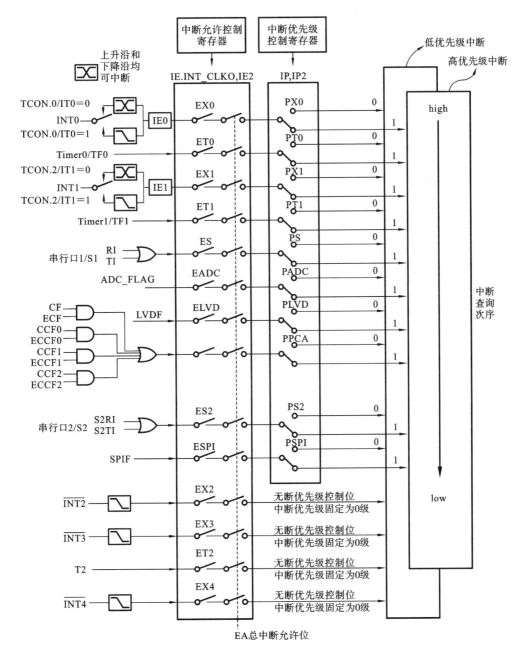

图 5-6 STC15F2K60S2 单片机的中断系统结构

除外部中断 2(INT2)、外部中断 3(INT3)、定时器 2 中断及外部中断 4(INT4)固定是最低优先级中断外,其他中断都具有两个中断优先级,可实现二级中断服务程序嵌套。

5.3.1 中断请求标志

当中断源(某个触发行为)发生时,该事件相应的中断申请标志位(特殊功能寄存器中的某个特定位)会被硬件置 1,即该中断源向 CPU 发出中断请求,如图 5-7 所示。

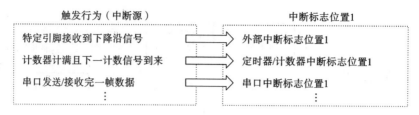

图 5-7 中断源发出中断请求

STC15F2K60S2 单片机的中断请求标志分别寄存在 TCON、SCON、PCON、S2CON、ADC_CONTR、SPSTAT、CCON 中,表 5-1 列出中断源触发条件及相应标志位的值。

表 5-1 STC15F2K60S2 的中断源触发条件及请求标志位的值

中断源	中断号	触 发 条 件	中断请求标志位
外部中断 0 (INT0)	0	既可上升沿触发,又可下降沿触发	TCON 中的 IE0/TCON.1 有中断请求置 1,可以自动清零
定时器 T0	1	当定时器 T0 计数产生溢出	TCON 中的 TF0/TCON.5 有中断请求置 1,可以自动清零
外部中断 1 (INT1)	2	既可上升沿触发,又可下降沿触发	TCON 中的 IE1/TCON.3 有中断请求置 1,可以自动清零
定时器 T1	3	当定时器 T1 计数产生溢出	TCON 中的 TF1/TCON.7 有中断请求置 1,可以自动清零
串行口 1	4	串行口接收完一帧或发送完一帧数据	SCON 中的 RI/SCON.0、TI/SCON.1 有中断请求置 1,需要软件清零
A/D 转换	5	A/D 转换结束后	ADC_CONTR 的 ADC_FLAG /ADC_CONTR.4 有中断请求置 1
低压检测 (LVD)	6	电源电压下降到低于 LVD 检测电压	PCON 的 LVDF/PCON.5,单片机上电复位后置 1,如果要应用 LVDF,则需先对 LVDF 清零
CCP/PCA	7	由 CF、CCF0、CCF1、CCF2 标志共同形成,CF、CCF0、CCF1、CCF2 中任一标志为 1,都可以引发中断	CCON 中的 CF/CCON.7、CCF0/CCON.0、CCF1/CCON.1、CCF2/CCON.2 有中断请求置 1,需通过软件清零
串行口 2	8	串行口接收完一帧或发送完一帧数据	S2CON 中的 S2RI/S2CON.0、S2TI/S2CON.1 有中断请求置 1,需要软件清零
SPI	9	SPI 数据传输完成	SPSTAT 中的 SPIF/SPSTAT.7 有中断请求置 1,需要软件清零
外部中断 2 (INT2)	10	下降沿触发	用户不可见
外部中断 3 (INT3)	11	下降沿触发	用户不可见

中断源	中断号	触发条件	中断请求标志位
定时器 T2	12	当定时器 T2 计数产生溢出	用户不可见
外部中断 4 （INT4）	16	下降沿触发	用户不可见

不管中断是否允许,当中断达到触发条件时,相应的中断请求就会被置1。编程时,也可以使用查询方式处理。

5.3.2　中断允许控制

计算机中断系统有两种不同类型的中断,它们是可屏蔽中断和非屏蔽中断。对于可屏蔽中断,用户可以在程序中控制中断源的开放,若允许中断,则为中断开放,若不允许中断,则为中断屏蔽;对于非屏蔽中断,用户不可以在程序中设置禁止,只要中断请求,CPU 必须响应处理。

STC15F2K60S2 系列单片机的中断源大多数是可屏蔽中断,每个中断都有各自的中断允许控制位,置1时允许该中断申请,置0时禁止该中断申请,复位值为0。同时,还有一个总中断允许控制位 EA,置1时开放 CPU 中断申请,置0时禁止所有中断申请,复位值为0。如果允许一个中断,则必须同时满足:该中断开放和总中断开放。

中断系统通过 IE、IE2、INT_CLKO 这三个专用的寄存器来控制中断源的使能,下面详细介绍这三个寄存器的用法。IE、IE2、INT_CLKO 的中断允许控制位如表 5-2 所示。

表 5-2　IE、IE2、INT_CLKO 的中断允许控制位

寄存器名	地址	B7	B6	B5	B4	B3	B2	B1	B0	复位值
IE	A8H	EA	ELVD	EADC	ES	ET1	EX1	ET0	EX0	00000000
IE2	AFH						ET2	ESPI	ES2	xxxxx000
INT_CLKO	8FH		EX4	EX3	EX2					x0000000

(1) IE 寄存器各位的含义如下。

● EA:中断允许总控制位。

(EA)=0,表示屏蔽所有的中断;

(EA)=1,表示开放所有的中断,各个中断源可以由相应的中断允许位单独控制。

● ELVD:片内电源低压检测中断的中断允许位。

(ELVD)=0,表示禁止低压检测中断;

(ELVD)=1,表示允许低压检测中断。

● EADC:A/D 转换中断的中断允许位。

(EADC)=0,表示禁止 A/D 转换中断;

(EADC)=1,表示允许 A/D 转换中断。

● ES:串行口 1 的中断允许位。

(ES)=0,表示禁止串行口 1 中断;

(ES)=1,表示允许串行口 1 中断。

● ET1:定时器/计数器 T1 的溢出中断允许位。

(ET1)=0,表示禁止 T1 中断；

(ET1)=1,表示允许 T1 中断。

● EX1:外部中断 1 的中断允许位。

(EX1)=0,表示禁止外部中断 1；

(EX1)=1,表示允许外部中断 1。

● ET0:定时器/计数器 T0 的溢出中断允许位。

(ET0)=0,表示禁止 T0 中断；

(ET0)=1,表示允许 T0 中断。

● EX0:外部中断 0 的中断允许位。

(EX0)=0,表示禁止外部中断 0；

(EX0)=1,表示允许外部中断 0。

(2) IE2 寄存器各位的含义如下。

● ET2:定时器/计数器 T2 的溢出中断允许位。

(ET2)=0,表示禁止 T2 中断；

(ET2)=1,表示允许 T2 中断。

● ESPI:SPI 的中断允许位。

(ESPI)=0,表示禁止 SPI 中断；

(ESPI)=1,表示允许 SPI 中断。

● ES2:串行口 2 的中断允许位。

(ES2)=0,表示禁止串行口 2 中断；

(ES2)=1,表示允许串行口 2 中断。

(3) INT_CLKO 寄存器各位的含义如下。

● EX4:外部中断 4 的中断允许位。

(EX4)=0,表示禁止外部中断 4；

(EX4)=1,表示允许外部中断 4。

● EX3:外部中断 3 的中断允许位。

(EX3)=0,表示禁止外部中断 3；

(EX3)=1,表示允许外部中断 3。

● EX2:外部中断 2 的中断允许位。

(EX2)=0,表示禁止外部中断 2；

(EX2)=1,表示允许外部中断 2。

【例 5-1】 根据应用场景,现需要允许定时器/计数器 T0 和 T1,禁止其他中断,请根据要求设置 IE 的值。

解   void exti0_init(void)

```
{
    EA=1;
    ET1=1;
```

```
        ET0=1;
    }
```

5.3.3 中断优先级控制

单片机的 CPU 是单线程工作的。当多个中断源同时发出中断请求时,CPU 一次只能处理一个请求。CPU 会按照各个中断源的优先级排序依次执行,先响应优先级高的中断源,再响应优先级低的中断源。

STC15F2K60S2 系列单片机一般有两个优先级,即高优先级和低优先级。单片机复位后,所有的中断优先级均为低优先级,单片机会根据内部硬件的查询顺序(默认自然优先级顺序)确定先响应哪一个中断源。自然优先级的顺序排列如图 5-8 所示。

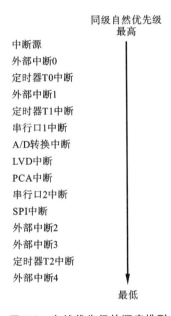

图 5-8 自然优先级的顺序排列

如果中断源想打破自然优先级顺序,那么可以将相应的中断源设置成高优先级。STC15F2K60S2 系列单片机除外部中断 2、外部中断 3、外部中断 4 和定时器 T2 中断外,其他都可以设置为高优先级。寄存器 IP 和 IP2 为中断优先级寄存器,下面详细介绍这两个寄存器相应的位控制信息。寄存器 IP、IP2 的中断允许控制位如表 5-3 所示。

表 5-3 寄存器 IP、IP2 的中断允许控制位

寄存器名	地址	B7	B6	B5	B4	B3	B2	B1	B0	复位值
IP	B8H	PPCA	PLVD	PADC	PS	PT1	PX1	PT0	PX0	00000000
IP2	B5H							PSPI	PS2	xxxxxx00

(1) IP 寄存器各位的含义如下。

● PPCA:PCA 中断的优先级控制位。

当(PPCA)=0 时,PCA 中断为低优先级;

当(PPCA)=1 时,PCA 中断为高优先级。

- PLVD:片内电源低压检测中断的优先级控制位。

当(PLVD)=0 时,低压检测中断为低优先级;

当(PLVD)=1 时,低压检测中断为高优先级。

- PADC:A/D 转换中断的优先级控制位。

当(PADC)=0 时,A/D 转换中断为低优先级;

当(PADC)=1 时,A/D 转换中断为高优先级。

- PS:串行口 1 的中断优先级控制位。

当(PS)=0 时,串行口 1 中断为低优先级;

当(PS)=1 时,串行口 1 中断为高优先级。

- PT1:定时器/计数器 T1 的溢出中断优先级控制位。

当(PT1)=0 时,T1 中断为低优先级;

当(PT1)=1 时,T1 中断为高优先级。

- PX1:外部中断 1 的中断优先级控制位。

当(PX1)=0 时,外部中断 1 为低优先级;

当(PX1)=1 时,外部中断 1 为高优先级。

- PT0:定时器/计数器 T0 的溢出中断优先级控制位。

当(PT0)=0 时,T0 中断为低优先级;

当(PT0)=1 时,T0 中断为高优先级。

- PX0:外部中断 0 的中断优先级控制位。

当(PX0)=0 时,外部中断 0 为低优先级;

当(PX0)=1 时,外部中断 0 为高优先级。

(2) IP2 寄存器各位的含义如下。

- PSPI:SPI 中断优先级控制位。

当(PSPI)=0 时,SPI 中断为低优先级;

当(PSPI)=1 时,SPI 中断为高优先级。

- PS2:串行口 2 中断优先级控制位。

当(PS2)=0 时,串行口 2 中断为低优先级;

当(PS2)=1 时,串行口 2 中断为高优先级。

【例 5-2】 设 STC15 单片机的外部中断 0 和外部中断 1 为高优先级,片内其他中断的优先级为低优先级,请设置 IP 相应的值,并罗列出单片机中断源响应的先后顺序。

解 参考程序如下:

```
void exti0_init(void)
{
    PX1=1;
    PX0=1;
}
```

单片机中断源响应从前到后的顺序为:外部中断 0、外部中断 1、定时器/计数器 0、定时器/计数器 1、串行口 1、A/D 转换中断、LVD 中断、PCA 中断、串行口 2 中断、SPI 中断、外部中断 2、外部中断 3、定时器 T2 中断、外部中断 4。

对于 51 单片机来说,高优先级的中断请求可以打断低优先级的中断请求。例如,当低优先级中断 A 在响应处理时,高优先级中断 B 提出中断请求,那么,CPU 会暂停当前中断 A 的处理,转去响应中断 B 的请求,等高优先级中断 B 服务完成后,再返回到中断 A 的断点处继续执行,直到完成中断 A 的服务返回到主程序的断点处。但低优先级的中断请求不可以打断高优先级的中断请求。

5.4 中断响应和中断处理

5.4.1 中断响应

CPU 对中断源的请求响应是有条件的,具体的响应条件如下:

(1)有中断源发出中断请求。

(2)中断总允许位 EA 为 1,同时申请中断请求的中断源允许位为 1。

(3)当前没有同级或更高级的中断被服务。

(4)当前的执行已经执行完毕。

(5)如果当前执行为 RETI 或访问中断有关寄存器的指令(如 IE、IP),紧接着的指令要执行完。

满足中断响应条件,CPU 就会在下一个机器周期响应中断,完成准备工作:保护现场和将中断服务程序的入口地址装入程序计数器 PC。CPU 响应中断时,将相应的优先级状态触发器置 1,然后由硬件自动产生一个长调用指令 LCALL,此指令会把断点地址压入堆栈保护,然后将相应中断源的入口地址送到程序计数器 PC 中,程序会转向中断服务程序。

每个中断源都对应一个中断号和中断入口地址,这些是事先设计好的,软件不能随意修改。后续编写中断服务函数时必须标明中断号,如果中断源的申请达到响应条件,就会自动转向中断服务函数。STC15F2K60S2 单片机各中断源的中断号和入口地址如表 5-4 所示。

表 5-4 STC15F2K60S2 单片机各中断源的中断号和入口地址

中　断　源	中　断　号	入口地址(中断矢量)
外部中断 0	0	0003H
定时器/计数器 0	1	000BH
外部中断 1	2	0013H
定时器/计数器 1	3	001BH
串行口 1 中断	4	0023H
A/D 转换中断	5	002BH
LVD 中断	6	0033H
PCA 中断	7	003BH
串行口 2 中断	8	0043H
SPI 中断	9	004BH

中　断　源	中　断　号	入口地址(中断矢量)
外部中断 2	10	0053H
外部中断 3	11	005BH
定时器 T2 中断	12	0063H
外部中断 4	16	0083H

C 语言中使用中断号编写中断函数,例如:

```
void INT0_ISR(void) interrupt 0 {}        //外部中断 0 的中断函数
void TIMER1_ISR(void) interrupt 3 {};     //定时器/计数器 1 的中断函数
```

汇编语言通常需要的是入口地址,可以在中断入口地址存放一条无条件转移指令,使程序跳转到对应的中断源的服务程序中,例如:

```
ORG 001BH;        //定时器/计数器 1 的中断入口
AJMP T1_ISR;      //转向 T1 中断服务程序
```

CPU 在响应中断请求后即进入中断服务程序,在中断返回前需要撤销中断请求标志,否则会一直引起中断而导致错误。对于有些中断,例如定时器/计数器 0、外部中断 0 和对用户不可见的中断请求标志等,硬件在响应后自动清除中断请求标志,软件无须采取其他措施。而对于串行口中断、电源低压检测中断,需要软件清除。各个中断源的中断请求标志处理方式在表 5-1 中已经进行了说明。

5.4.2　中断服务

中断服务程序从中断入口地址开始执行,一直到返回指令"RETI"为止,通常完成以下内容。

(1) 保护现场:为了防止中断服务程序修改部分寄存器的内容,可以将寄存器的值先压入堆栈保护起来,比如说常见的 PSW、ACC、特殊的功能寄存器等。

(2) 为中断源服务:根据中断源的具体请求进行处理。

(3) 恢复现场:将之前堆栈保存的内容拿出来,恢复之前寄存器的数值。需要注意的是,堆栈弹出数据的顺序与压入数据的顺序相反。

C 语言中断服务函数的写法如下:

```
函数类型　函数名(形式参数表) interrupt n
{
    函数体语句;
}
```

编写中断服务函数时,需要注意以下几点。

(1) 函数类型。如果在中断函数里定义一个返回值,会返回不正确的结果。所以,中断服务函数通常为 void 类型,说明没有返回值。

(2) 函数名。中断函数不像普通函数那样通过函数名查找和调用,中断服务函数是通过中断号查找的。所以函数名的命名只需符合 C51 标识符的规则即可。

(3) 形参列表。中断服务函数不允许参数传递,所以参数列表为空,但是一对大括号不能省略。

（4）中断号。Interrupt 后面是中断号，中断号要与中断源匹配，不能随意更换，以防止无法找到中断服务函数。

（5）函数体。通常为中断源服务，执行一些数据处理、控制状态等操作。如果在中断函数体里调用其他函数，请注意被调用的函数使用的寄存器与中断服务函数使用的寄存器相同，否则可能产生错误。中断函数最好写在文件的尾部，防止其他程序调用。

5.4.3 中断返回

中断返回，指的是返回到原来断点的位置。当用汇编语言时，使用中断返回指令"RETI"实现，该指令会自动将之前堆栈中的断点地址送到程序计数器 PC 中，并通知中断系统已经完成中断处理。在 C 语言中，编译器都会在没有返回语句的中断服务程序最后默认添加返回语句，程序无须处理。

5.5 设计案例:按键启动

中断的 C51 编程流程如图 5-9 所示。

主函数中，首先进行中断设置，给相关寄存器赋值；然后开中断，包括中断源允许控制位和总中断允许位。在中断服务程序中，需要按照以下步骤进行操作：首先，保护现场；接着，执行中断任务，处理与中断事件相关的具体工作；然后，清零某些中断请求标志，以防止中断再次触发；最后，恢复现场，恢复之前保存状态，以继续主程序的执行。

【例 5-3】 选用 STC15F2K60S2 单片机，编写程序实现每闭合一次开关，连接到 P1 口的发光二极管逐次点亮，第一次闭合 LED_1 点亮，第二次闭合 LED_2 点亮，依次循环。电路连接图如图 5-10 所示。

解 由题目要求可知，编写中断服务函数，控制 P1 管脚的输出。

参考程序如下：

```
# include <STC15F2K60S2.h>        //包含头文件
unsigned char i=0xfe;             //宏定义数据类型 uchar
void main(void)
{
    uchar temp;                   //定义局部变量,用来获取读到的数值
    IT0=1;                        //设置外部中断 0 为下降沿触发
    EA=1;                         //开总中断
    EX0=1;                        //开外部中断 0
    while(1);                     //等待中断
}
void INT0_ISR() interrupt 0{
    P1=i;
    i=i<<1;
    if(i==0)i=0xfe;
}
```

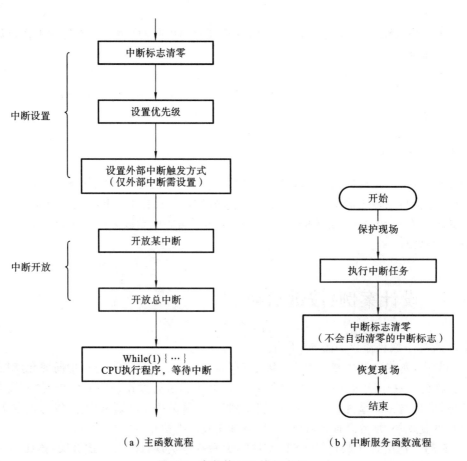

（a）主函数流程　　　　　　　　　　（b）中断服务函数流程

图 5-9　中断的 C51 编程流程

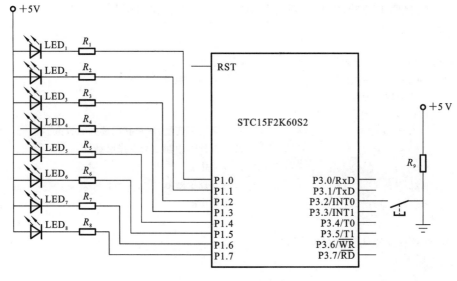

图 5-10　例 5-3 电路连接图

【**例 5-4**】 如图 5-11 所示,选用 STC15F2K60S2 单片机,P1 端口、P0 端口、P2 端口分别接一个共阳极 LED 数码管。将 INT1 设置为高优先级,INT0 设置为低优先级,下降沿触发。在开机时,主程序一直通过 P0 口动态显示数字"0~9"。当低优先级的按键按下时,P2 动态显示数字"0~9"。在 P2 显示结束前,按下高优先级的按键,P1 动态显示数字"0~9"。编写程序实现上述功能,同时理解中断嵌套的处理过程。

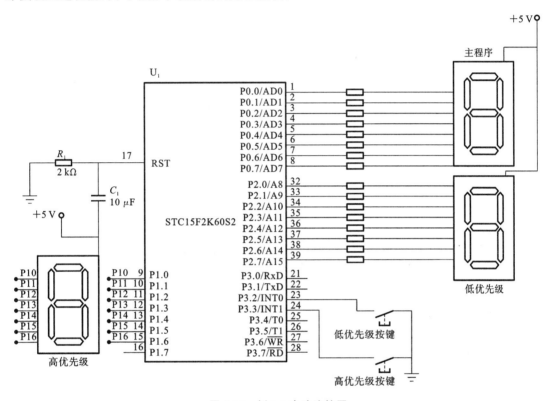

图 5-11 例 5-4 电路连接图

解

```
# include <STC15F2K60S2.h>          //包含头文件
#define uint unsigned int           //宏定义数据类型 uint
#define uint unsigned char          //宏定义数据类型 uchar
code uchar LED_NUM[]={0xc0,0xf9,0xa4,0xb0,0x99,0x92,0x82,0xf8,0x80,0x90};
//"0~9"数字的段码
sbit K1=P3^2;
sbit K2=P3^3;
void delay_ms(){
uint j;
for(j=0;j<31000;j++);
};                                  //延迟子函数
    void INT0_ISR() interrupt 0 using 1 {
    uchar i;
    for(i=0;i<10;i++)
    {
        P2=LED_NUM[i];
```

```
        delay_ms();                    //调用延迟子函数
        }
        P2=0xFF;
    }
    void INT1_ISR() interrupt 2 using 2 {
    {
        uchar i;
        for(i=0;i<10;i++)
        {
        P1=LED_NUM[i];
        delay_ms();                    //调用延迟子函数
        }
        P1=0xFF;
    }
    void main(void)
    {
        uint i=0;                      //定义局部变量
        IE=0x85;                       //开中断
        TCON=0x05;                     //设置边沿触发
        PX1=1;                         //设置中断优先级
        while(1)
        {
            for(i=0;i<10;i++)
            {
                P0=LED_NUM[i];
                delay_ms();            //调用延迟子函数
            }
        }
    }
```

【例5-5】 在例题4-6中,STC15F2K60S2单片机的P1.0管脚连接按键
Key1,当按键按下,智能车启动,开始向前走动。智能车安装红外避障探头,当
前方出现障碍时,智能车需要停止前进。参见电路简化图5-12,当智能车前进
时,前方出现障碍物,红外发射管发出的红外光会被障碍物返回,则从out脚输 智能车红外
出低电平。这个out脚连接在单片机的P3.2管脚上。通过使用查询或中断处 避障案例讲解
理的方式,实现智能车的启停控制。

解 当Key1按键按下时,P1.0输入低电平,通过读取P1.0管脚的状态即可获得按键的
状态。

启动按键检测参考代码:

```
sbit KeyOn=P1^0;
void Key_On()
{
    while(1)
    {
```

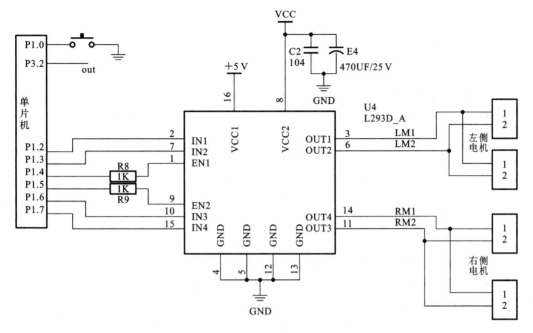

图 5-12 例 5-5 的电路简化图

```
if(KeyOn==0)
    {
        delay_ms(10);           //调用延迟子函数
        if(KeyOn==0)
        {
            while(! KeyOn);     //松手检测
            CarForward();       //智能车前进
            break;              //退出循环
        }
    }
}
}
```

避障采用中断的方式,参考代码如下:

```
//中断初始化,main()函数中设置寄存器的值
ITO=1;                          //设置外部中断 0 为下降沿触发
EA=1;                           //开总中断
EX0=1;                          //开外部中断 0
//中断函数
void INT0_ISR()interrupt 0 {
    L_IN1=0;                    //控制左轮停止
    L_IN2=0;
    R_IN3=0;                    //控制右轮停止
    R_IN4=0;
}
```

课后习题

1. 请描述一下什么是中断和中断系统。

2. STC15F2K60S2 单片机的中断源有哪些？请列出中断源自然优先级顺序和各自的中断号、中断入口地址。

3. STC15F2K60S2 单片机中外部中断 0 的中断请求标志是（　　　）。

A. IE0　　　　　　　B. IT0　　　　　　　C. TF0　　　　　　　D. ET0

4. STC15F2K60S2 单片机中，如果下列中断源优先级是同一级，当它们同时提出中断请求时，CPU 先响应（　　　）中断源。

A. 外部中断 1　　　B. 定时器 T0　　　C. 外部中断 0　　　D. 同时响应

5. 简述与中断有关的特殊功能寄存器有哪些，分别有什么作用。

6. 定义中断函数的关键字是什么？函数类型和参数列表一般如何选取？

7. 中断响应的条件是什么？

8. 编程实现将外部中断 1 设为下降沿触发的高优先级中断源。

9. STC15F2K60S2 单片机中的 14 个中断源，哪些中断请求标志在响应后可以由硬件自动清除？哪些需要用户自己清除？

10. 设计一个故障检测与指示系统。如图 5-13 所示，一共有三台设备，当出现故障，输入高电平的故障信号。当无故障时，LED0 灯亮绿色；当第一台设备有故障时，LED1 灯亮红色，其他灯不亮；当第二台设备有故障时，LED2 灯亮红色，其他灯不亮；当第三台设备有故障时，LED2 灯亮红色，其他灯不亮。编程实现上述功能。

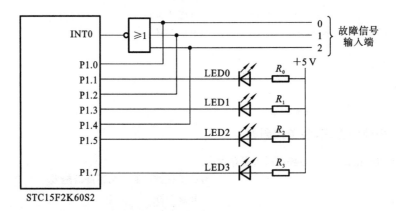

图 5-13　故障检测与指示系统电路示意图

第6章 定时器/计数器及应用

学习目标

◇ 了解定时器/计数器的作用。

◇ 理解定时器/计数器的结构与工作原理。

◇ 掌握软件定时方法，TMOD、TCON 寄存器的功能，时间常数计算。

◇ 掌握计时器的 C51 程序设计。

知识点思维导图

嵌入式系统中常常需要用到定时器/计数器，用来实现定时（或延时）、对外部事件计数等功能，如工厂车间检测流水线上产品的数量、家用电器的时间定时等。

实现定时的方法有以下几种。

1）软件定时

CPU 循环执行一段程序，不改变程序的数值，可实现软件的定时。软件定时需要占用 CPU，降低了 CPU 的效率，通常在定时时间不长、CPU 较空闲的情况下使用。

2）硬件定时

通过设计硬件电路完成定时，不需要占用 CPU。相比软件定时，硬件定时需要通过调整硬件参数来改变定时时间，这不仅增加了硬件成本，还使得使用起来不够方便。

3）可编程的定时器定时

STC15F2K60S2 单片机集成了定时器/计数器模块，采用硬件电路实现定时的功能，不占用 CPU 的资源。定时时间等参数可以通过软件设置，使用方便，可以实现对外部输入信号计数，也可以用作分频、定时器、波特率发送器等。

6.1 定时器/计数器的基本原理

STC15F2K60S2 单片机内部设置了三个 16 位的定时器/计数器，分别是定时器/计数器 T0、T1 和 T2。这三个定时器/计数器都有定时方式和计数方式，它们的核心是"加 1 的计数器"，也就是说，每来一个脉冲数值就加 1。STC15F2K60S2 单片机内部定时器/计数器的逻辑结构如图 6-1 所示。

1）计数器

外部信号通过 TX 端输入，当脉冲信号产生负跳变时，计数器就会加 1。计数器数值加到最大溢出时，定时器/计数器的中断溢出标志 TF 就会变为 1，同时向 CPU 提出中断请求。

2）定时器

如果计数的脉冲来自系统的内部，即系统时钟通过 12 分频或不分频作为计数脉冲信号，每来一个脉冲信号，计数器就加 1。时钟系统是由晶振产生的，晶振的频率是固定的，所以每

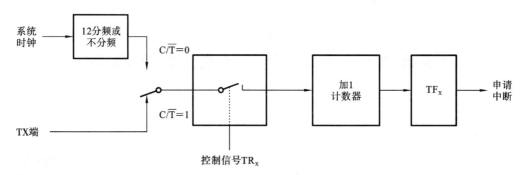

图 6-1 STC15F2K60S2 单片机内部定时器/计数器的逻辑结构图

次计数的时间间隔是相同的。那么,就可以根据计数(脉冲个数)和计数脉冲周期计算出时间。定时器本质上也是计数。

6.2 STC15F2K60S2 定时器/计数器的结构

STC15F2K60S2 的单片机内部有三个 16 位的定时器/计数器,而传统 51 单片机只有两个 16 位的定时器/计数器。STC15 系列单片机是 1T 的 8051 单片机,为了兼容传统的 8051,三个定时器/计数器 T0、T1 和 T2 复位后都是 12 分频,可以兼容传统的 51 单片机。下面分别介绍 T0、T1 和 T2 定时器/计数器的结构。

6.2.1 定时器/计数器 T0 和 T1 的结构

图 6-2 显示的定时器/计数器 T0 和 T1 结构框图中,寄存器 TMOD 控制定时器/计数器的工作模式、启动方式和工作方式,寄存器 TCON 控制定时器/计数器的启动运行状态和中断请求,寄存器 AUXR 为辅助控制,TH0、TL0 是 T0 计数数值的高 8 位和低 8 位,TH1、TL1 是 T1 的计数数值的高 8 位和低 8 位。外部脉冲信号通过管脚 P3.4、P3.5 分别作为 T0 和 T1 的

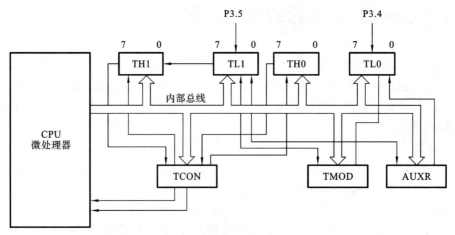

图 6-2 T0、T1 定时/计数器的结构框图

计数脉冲。

通过 THi 和 TLi 寄存器设置计数器的初始值,定时器/计数器在启动时会从初始值开始计数。无论是计数还是定时,当计数溢出时,THi 和 TLi 会变成 0,TCON 寄存器里相应的 TFx 会置为 1,产生中断请求。

1. 模式控制寄存器 TMOD

寄存器 TMOD 用来对定时器/计数器 T0 和 T1 的工作相关设置,复位值为 00H,其各位的定义格式如图 6-3 所示。

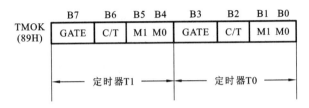

图 6-3 寄存器 TMOD 的位定义格式

TMOD 寄存器的高 4 位用于定时器 T1,而低 4 位用于 T0。由于 TMOD 的寄存器字节地址为 89H,不能位寻址,所以使用 TMOD 时只能是字节设置,就需要掌握 TMOD 的每一位的含义。

● M1M0(TMOD.1 和 TMOD.0):定时器/计数器 T0 的工作方式控制位。定时器 T0 有四种工作方式:方式 0、方式 1、方式 2 和方式 3。表 6-1 列出了这四种方式的功能说明。

表 6-1 定时器 T0 的工作方式说明

M1 M0	工 作 方 式	功　　能
0　0	方式 0	16 位自动重装初值的定时器/计数器
0　1	方式 1	16 位定时器/计数器
1　0	方式 2	8 位自动重装初始的定时器/计数器
1　1	方式 3	不可屏蔽中断的 16 位自动重装初值的定时器/计数器

● C/T̄(TMOD.2):控制定时器/计数器 T0 用来定时还是计数。

当(C/T̄)=1 时,T0 被设置为计数器方式,计数器的输入为 P3.4 管脚的输入脉冲;

当(C/T̄)=0 时,T0 被设置为定时器方式,即对系统时钟进行计数。

● GATE(TMOD.3):定时器/计数器 T0 的门控位,控制启动方式。

当(GATE)=1 时,启动定时器的条件为外部中断 INT0 管脚为高电平和 TR0 控制位置 1,这种启动也称硬启动;

当(GATE)=0 时,启动定时器的条件为 TR0 控制位置 1,这种启动也称软启动。

● M1M0(TMOD.5 和 TMOD.4):定时器/计数器 T1 的工作方式控制位。

定时器 T1 有 3 种工作方式:方式 0、方式 1 和方式 2,每种工作方式用法参见表 6-1。

● C/T̄(TMOD.6):控制定时器/计数器 T1 用来定时还是计数。

当(C/T̄)=1 时,T1 被设置为计数器方式,计数器的输入为 P3.5 管脚的输入脉冲;

当(C/T̄)=0 时,T1 被设置为定时器方式,即对系统时钟进行计数。

- GATE(TMOD.7):定时器/计数器 T1 的门控位,控制启动方式。

当(GATE)=1 时,启动定时器的条件为外部中断 INT1 管脚为高电平和 TR1 控制位置 1;

当(GATE)=0 时,启动定时器的条件为 TR1 控制位置 1。

2. 控制寄存器 TCON

寄存器 TCON 涉及中断控制和定时器控制,它的字节地址为 88H,可以位寻址,也可以通过位操作或字节操作进行寄存器的读/写,复位值为 00H(见图 6-4)。TCON 的低 4 位在中断系统章节介绍过,本节重点讲述与定时器相关的高 4 位。

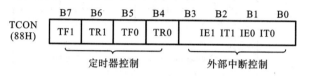

图 6-4 寄存器 TCON 各位的含义

- TF1(TCON.7):定时器/计数器 T1 的溢出中断标志。当计数产生溢出时,硬件自动置位"1",向 CPU 发出中断请求,当 CPU 响应中断后,硬件自动清零。

当(TF1)=1 时,有溢出请求;

当(TF1)=0 时,无溢出请求。

- TR1(TCON.6):定时器/计数器 T1 的运行控制位。

当(TR1)=1 时,启动 T1 开始计数;

当(TR1)=0 时,停止 T1 计数。

- TF0(TCON.5):定时器/计数器 T0 的溢出中断标志。当计数产生溢出时,硬件自动置位"1",向 CPU 发出中断请求,当 CPU 响应中断后,硬件自动清零。

当(TF0)=1 时,有溢出请求;

当(TF0)=0 时,无溢出请求。

- TR0(TCON.4):定时器/计数器 T0 的运行控制位。

当(TR0)=1 时,启动 T0 开始计数;

当(TR0)=0 时,停止 T0 计数。

3. 辅助寄存器 AUXR

为了兼容传统 8051,定时器 T0、T1 和 T2 复位后是传统 8051 的速度,系统时钟会进行 12 分频。但本身 STC15 系列单片机是 1T,如果不进行 12 分频,可以通过辅助寄存器 AUXR 进行设置。表 6-2 列出 AUXR 各位的含义,复位值为 00H。

表 6-2 辅助寄存器 AUXR 各位的含义

	B7	B6	B5	B4	B3	B2	B1	B0
AUXR(8EH)	T0x12	T1x12	UART_M0x6	T2R	T2_C/$\overline{T}$	T2x12	EXTRAM	S1ST2

- T0x12(AUXR.7):用于定时器/计数器 T0 定时计数脉冲的分频系数控制。

当(T0x12)=1 时,对系统时钟脉冲计数,不分频;

(T0x12)=0 时,对系统时钟脉冲 12 分频后的脉冲信号计数,计数周期与传统 51 单片机脉冲周期一致。

● T1x12(AUXR.6)：用于定时器/计数器 T1 定时计数脉冲的分频系数控制。

当(T1x12)＝1 时，对系统时钟脉冲计数，不分频；

当(T1x12)＝0 时，对系统时钟脉冲 12 分频后的脉冲信号计数，计数周期与传统 51 单片机脉冲周期一致。

● UART_M0x6(AUXR.5)：串行口 1 方式 0 的通信速度设置位。后面在第 7 章会详细讲述。

● T2R(AUXR.4)：定时器/计数器 T2 的运行控制位。

当(T2R)＝1 时，启动 T2 开始计数；

当(T2R)＝0 时，停止 T2 计数。

● T2_C/$\overline{T}$(AUXR.3)：控制定时器/计数器 T2 用来定时还是计数。

当(T2_C/$\overline{T}$)＝1 时，T2 被设置为计数器方式，计数器的输入为 P3.1 管脚的输入脉冲；

当(T2_C/$\overline{T}$)＝0 时，T2 被设置为定时器方式，即对系统时钟进行计数。

● T2x12(AUXR.2)：用于定时器/计数器 T2 定时计数脉冲的分频系数控制。

当(T2x12)＝1 时，对系统时钟脉冲计数，不分频；

当(T2x12)＝0 时，对系统时钟脉冲 12 分频后的脉冲信号计数，计数周期与传统 51 单片机脉冲周期一致。

● EXTRAM(AUXR.1)：片外 RAM 存取控制位，在后续章节会详细介绍。

● S1ST2(AUXR.0)：串行口 1 选择波特率发生器的控制位，在后续章节会详细介绍。

6.2.2 定时器/计数器 T2

定时器/计数器 T2 的结构与 T0、T1 的类似，借助寄存器实现工作模式、工作方式等的控制，可以实现定时和计数功能。与 T0、T1 不同的是，T2 只有 16 位的自动重装初值的一种工作方式，常用来做串口波特率发生器或可编程时钟输出源。定时器/计数器 T2 的原理框图如图 6-5 所示。

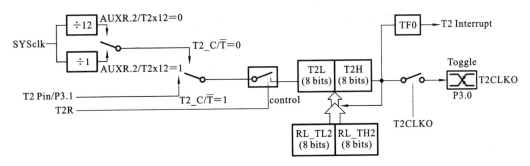

图 6-5 定时器/计数器 T2 的原理框图

定时器/计数器 T2 相关的寄存器有 T2H、T2L、AUXR、INT_CLKO 和 IE2，用法和 T0、T1 类似。需要注意的是，T2 的溢出中断标志隐含，用户不可查询获取，只能使用中断方式。

● 寄存器 T2L、T2H 保存初始值；

● AUXR 寄存器中 T2R、T2_C/$\overline{T}$、T2x12 控制启停、工作模式、是否分频（详见上一小节）；

- T2CLKO(INT_CLKO.2)：控制 P3.0 是否为 T2 的时钟输出。

当（T2CLKO）＝1 时，允许 P3.0 为 T2 的时钟输出；

当（T2CLKO）＝0 时，不允许 P3.0 为 T2 的时钟输出。

- ET2(IE2.2)：定时器/计数器 T2 的中断允许控制位。

当（ET2）＝1 时，允许 T2 中断；

当（ET2）＝0 时，不允许 T2 中断。

6.3　T0/T1 的工作方式及应用

STC15F2K60S2 的单片机内部有三个 16 位的定时器/计数器，定时器 T0 有四种工作方式，即方式 0、方式 1、方式 2 和方式 3，定时器 T1 有三种工作方式，即方式 0、方式 1 和方式 2，定时器 T2 只有一种工作方式，即方式 0。

6.3.1　方式 0

方式 0 是 16 位可以自动重装载定时器/计数器。其内部结构如图 6-6 所示，TLi 和 THi 中用于存放定时器的数值，当里面的数值加到 0xFF 以后，再来一个脉冲后就会溢出，硬件就会将 TFi 置 1。方式 0 下，RL_TLi 和 RL_THi 会将之前的初值传送到 TLi、THi。这样，TLi 和 THi 就不再是零，会在初值的基础上继续计数。

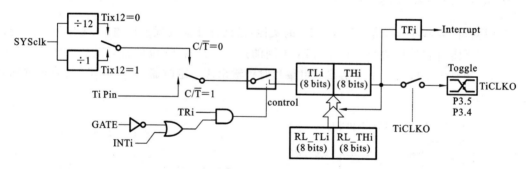

图 6-6　T0/T1 定时器方式 0 的内部结构图

在方式 0 下，如果工作在计数模式，那么计数脉冲的个数为：

$$N = 2^{16} - 初值\ x \tag{6-1}$$

开始计数时，THi 和 TLi 设定的值为初值 x。x 的取值范围为 0～65535，所以 N 的计数数值范围为 1～65536（2^{16}）。

【例 6-1】　选用 STC15F2K60S2 单片机，如果 T0 工作在计数模式下，则工作方式为方式 0，每数 1000 个外部脉冲产生一次中断，请计算初值，同时写出定时器/计数器 T0 的初始化函数 Timer0_init()。

解　方式 0 为 16 位的计算器，最大数值为 2^{16}。

计算初值 $x = 2^{16} - 1000 = 64536 = FC18H$。所以，TH0 的值为 FCH，TL0 的值为 18H。

T0 工作在计数模式下,TMOD 应设置为 xxxx 0100(B)。

```
VoidTimer0_init()
{
        TMOD &= 0xf0;
        TMOD |=1<<2;                    //T0  无门控  计数  方式 0
        TH0 = (65536－1000)/256;        //赋初始值 TH0
        TL0 = (65536－1000)% 256;       //赋初始值 TL0
        TR0 =1;                         //启动 T0
}
```

在方式 0 下,如果工作在定时模式,那么定时的时间为:

$$t = (2^{16} - 初值\ x) * T_{计数周期} \tag{6-2}$$

定时模式下,计数脉冲有两种选择:一个为系统时钟的 12 分频(兼容传统 51 单片机),每 12 个系统时钟加 1,即 12T 模式;另一个为系统时钟,每 1 个系统时钟加 1,即 1T 模式。所以,$T_{计数周期}$ 为 $12^{1-\text{Tix12}}/f_{\text{sys}}$,其中,$f_{\text{sys}}$ 为系统时钟频率,Tix12 为定时器/计数器 Tx 定时计数脉冲的分频系数控制。

综上分析,方式 0 下,定时时间为:

$$t = (2^{16} - 初值\ x) * 12^{1-\text{Tix12}}/f_{\text{sys}} \tag{6-3}$$

与计数模式一样,初值 x 的取值范围为 0～65535。定时时间最长,Tix12 取 0,最长定时时间为 $786432/f_{\text{sys}}$。

【例 6-2】 选用 STC15F2K60S2 单片机,如果 T0 工作在定时模式下,工作方式为方式 0,对系统时钟脉冲 12 分频后的脉冲信号计数,系统时钟频率为 12 MHz。如果要求定时时间为 5 ms,试求 T0 的初始值 TH0 和 TL0,同时写出定时器/计数器的初始化函数。

解 系统时钟 f_{sys} 为 12 MHz,12 分频,那么 T0x12 为 0,计数周期为 1 μs。由式(6-2)可得

$$50\ \text{ms} = (2^{16} - 初值\ x) * 1\ \mu\text{s} \tag{6-4}$$

通过计算,初值 $x = 2^{16} - 50000 = 15536 = 3\text{CB0H}$。

所以,TH0 的值为 3CH,TL0 的值为 B0H。

T0 工作在定时模式下,TMOD 应设置为 xxxx 0000(B)。

AUXR 寄存器中 T0x12 位为 0,由于 AUXR 复位值是 0,所以可以不用配置。

```
Void Timer0_init()
{
        TMOD &= 0xf0;             //T0  无门控   定时   方式 0
    TH0 = (65536－50000)/256;     //赋初始值 TH0
    TL0 = (65536－50000)% 256;    //赋初始值 TL0
    TR0 =1;                       //启动 T0
}
```

6.3.2　方式 1

定时器/计数器 T0、T1 工作在方式 1 时,THi 和 TLi 为计数数值,计数是 16 位,内部结构

如图 6-7 所示。与方式 0 的区别在于,不能自动重装载初始值。其他使用和方式 0 类似,最大计数数值为 65536(即 2^{16})。当计数数值溢出时,TFi 就会由硬件置 1,向 CPU 提出中断请求。

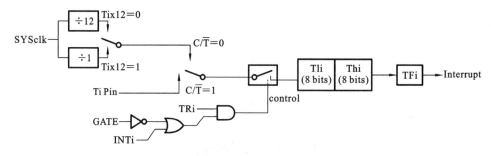

图 6-7   定时器/计数器 T0、T1 的方式 1 的内部结构图

方式 1 也可以应用计数或定时的场景,计算方式与方式 0 的相同,可以参考方式 0。

6.3.3   方式 2

定时器/计数器 T0、T1 工作在方式 2 时,TLi 为计数数值,计数是 8 位,内部结构如图 6-8 所示。THi 用来存放初始值,所以,方式 2 为 8 位的可自动重装初始值的计数器。计数开始前,THi 与 TLi 的值一样,当 TLi 计数溢出时,TFi 由硬件置 1,向 CPU 发出中断请求。方式 2 与方式 0 很类似,区别在于计数的最大值不同,方式 2 最大计数数值为 256(即 2^8)。

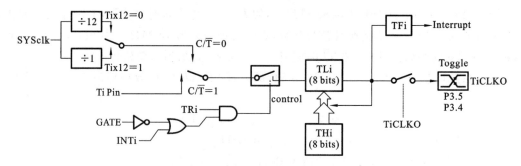

图 6-8   定时器/计数器 T0、T1 的方式 2 的内部结构图

在方式 2 下,如果工作在计数模式,那么计数脉冲的个数为:
$$N = 2^8 - 初值\ x \tag{6-5}$$
在方式 2 下,如果工作在定时模式,那么定时的时间为:
$$t = (2^8 - 初值\ x) * T_{计数周期} \tag{6-6}$$

【例 6-3】   选用 STC15F2K60S2 单片机,如果 T0 工作在计数模式下,工作方式为方式 2,每数 100 个外部脉冲产生一次中断,请计算初值,同时写出定时器/计数器 T0 的初始化函数 Timer0_init()。

解   方式 2 为 8 位的计算器,最大数值 2^8。
$$计算初值\ x = 2^8 - 100 = 156$$
所以,TH0 的值为 156,TL0 的值为 156。

T0 工作在计数模式下,TMOD 应设置为 xxxx 0110(B)。

```
Void Timer0_init()
{
    TMOD=0x06;              //T0  无门控  计数  方式 2
    TH0=256-100;            //赋初始值 TH0
    TL0=256-100;            //赋初始值 TL0
    TR0=1;                  //启动 T0
}
```

6.3.4 方式 3

定时器/计数器 T0 支持方式 3,而定时器/计数器 T1 不支持方式 3。T0 的方式 3 与方式 0 类似,是 16 位自动重装载模式。定时器/计数器 T0、T1 的方式 3 的内部结构如图 6-9 所示。不同之处在于:方式 3 是不可屏蔽中断。在方式 3 下,允许 T0 中断,只需要将 ET0 置为 1,不管 EA 是否为 1,T0 中断的优先级是最高的,不能被其他中断打断。方式 3 通常用在实时操作系统的节拍定时器。

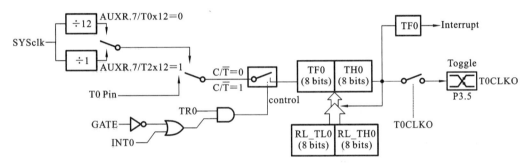

图 6-9 定时器/计数器 T0、T1 的方式 3 的内部结构图

6.3.5 T0/T1 的应用

定时器/计数器 T0、T1 可以使用在计数、定时场景下,下面列举一些实例讲述应用的基本步骤和编程方法。

【例 6-4】 选用 STC15F2K60S2 单片机,采用定时器/计数器 T1 的定时模式、方式 0,从单片机 STC15F2K60S2 的 P1.0 管脚产生周期为 100 ms 的方波,采用的晶振为 6 MHz,假设对系统时钟脉冲 12 分频后的脉冲信号计数,请编程实现上述功能。

解 应用定时器/计数器 T0 或 T1,需要以下几步。

(1) 确定 T0 或 T1 的启动方式、工作模式、工作方式,然后写入 TMOD 寄存器、AUXR。

启动方式:测量外部脉冲宽度时选用硬启动;一般选用软启动。

工作模式:外部脉冲计数采用计数模式;定时场景选用定时模式。

工作方式:可以根据具体计数的数值、定时的时长、计数的重复性,选择 4 种方式中的一种。

分频系数控制:根据定时的时间长短和要求选择。

(2) 计算初始值 THi 和 TLi,并写入相应的寄存器。

（3）采用中断或查询的方式处理,通常会使用中断处理,就需要开中断完成中断控制。

（4）启动定时器/计数器工作。

（5）中断溢出处理。当定时或计数达到要求,编写中断服务程序或应用程序。

根据题目中要求,采用 T1 定时模式、方式 0,启动方式为软启动。

寄存器 TMOD 的值为 0000 0000B,即 00H。

对系统时钟脉冲 12 分频后的脉冲信号计数,T1x12＝0,寄存器 AUXR 可以使用复位值。

P1.0 如果输出 100 ms 的方波,那么每隔 50 ms 取反翻转一次电平。因此,定时器 T1 定时的时间为 50 ms。同时,采用的晶振为 6 MHz,系统时钟 12 分频,那么定时器结合初始值计算公式（6-3）,可得

$$50 \text{ ms} = (2^{16} - 初值\ x) * 12^{1\text{-Tix12}} / f_{\text{sys}}$$

$$初始\ x = 2^{16} - 50000/2 = 65536 - 25000 = 40536 = 9E58H$$

参考示例程序如下:

```
# include <STC15F2K60S2.h>              //包含头文件
sbit P10=P1^0;                          //定义输出管脚
void Timer1_init()
{
    TMOD& =0x0f;                        //T1    无门控    定时 方式 0
    TH1 = (65536－25000)/256;           //赋初始值 TH1
    TL1 = (65536－25000)% 256;          //赋初始值 TL1
    TR1 = 1;                            //开定时器
}
void IT1_ISR() interrupt 3{
  P10 ^=1;                              //电平取反
}

void main(void)
{
    Timer1_init();                      //定时器初始化
    ET0 = 1;
    EA = 1;                             //开中断
    While(1);                           //等待中断
    }
```

【例 6-5】 选用 STC15F2K60S2 单片机,采用的晶振为 6 MHz。由管脚 P3.4 输入一个脉冲信号,每当 P3.4 发生一次负跳变时,P1.0 输出一个 500 μs 的同步负脉冲,如图 6-10 所示。

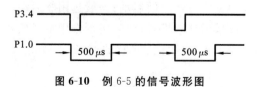

图 6-10 例 6-5 的信号波形图

解 由题目可知，P3.4发生一次负跳变时，P1.0输出一个 $500\,\mu s$ 的同步负脉冲，可以先设计计数模式，加一个数后发出溢出中断请求。然后切换到定时模式，定时的时间为 $500\,\mu s$。$500\,\mu s$ 到了以后，P1.0反转电平，输出高电平。

T0工作在计数模式下，计数数值1，可选择方式2，初始值为 $256-1=255$。

TMOD寄存器设置为：0000 0110B＝06H。

T0工作在定时模式下，定时时间为 $500\,\mu s$，晶振为 6 MHz，初始值为 $256-500/2=6$。

TMOD寄存器设置为：0000 0100B＝04H。

参考程序如下：

```c
#include <STC15F2K60S2.h>        //包含头文件
sbit P10=P1^0;                   //定义输出管脚
void Timer0_init()
{
    TMOD=0x06;                   //T0  无门控  计数  方式2
    TH0=255;                     //赋初始值 TH0
    TL0=255;                     //赋初始值 TL0
    TR0=1;                       //开定时器
}
    void IT0_ISR() interrupt 1{
      if(P10)
      {
    TMOD=0x02;                   //T0  无门控  定时  方式2
    TH0=6;                       //赋初始值 TH0
    TL0=6;                       //赋初始值 TL0
    }
    else
    {
    TMOD=0x06;                   //T0  无门控  计数  方式2
    TH0=255;                     //赋初始值 TH0
    TL0=255;                     //赋初始值 TL0
    }
    P10 ^=1;                     //电平取反
}

void main( void)
{
    P10 ^=1;                     //P1.0初始状态
    Timer0_init();               //定时器初始化
    ET0=1;
    EA=1;                        //开中断
    While(1);                    //等待中断
}
```

【例6-6】 选用STC15F2K60S2单片机，采用的晶振为 12 MHz。控制流水灯的亮灭，要求一秒亮一秒灭，请编程实现定时的功能。

解　定时器/计数器有 4 种工作方式,最长的计数位数为 16 位,如果采用 12 MHz 的晶振,最长定时时间为 2^{16} μs,即 65.365 ms。如果要定时 1 s,超出定时器的最大定时时间。

如何实现较长时间定时? 可以利用软件计数和定时器定时相结合的方式,每次定时 50 ms,然后一共定时 20 次,这样可以实现 1 s 的定时。程序流程图如图 6-11 所示。

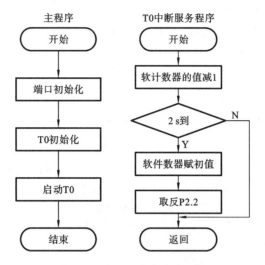

图 6-11　例 6-6 的程序流程图

实现 50 ms 的定时,选用方式 0、定时器 T0、定时的模式。

TMOD 寄存器的值为 0000 0000B=00H。

初始值 x=65536－50000/1=15536=3CB0H。

参考程序如下:

```
# include <STC15F2K60S2.h>          //包含头文件
sbit P12=P1^2;                      //定义输出管脚
unsigned char datai=20;            //定义全局变量i,控制定时次数
void Timer0_init()
{
    TMOD=0x00;                     //T0  无门控  定时  方式 0
    TH0=(65536－50000)/256;        //赋初始值 TH0
    TL0=(65536－50000)%256;        //赋初始值 TL0
    TR0=1;                         //开定时器
}
void IT0_ISR() interrupt 1{
  i--;                             //控制计数次数
  if(i==0)                         //定时 1s 到
  {
    i=20;                          //下一次计数
    P12 ^=1;                       //电平取反
  }
}
void main(void)
```

```
{
    P12 ^=1;                            //P1.2 初始状态
    SP=0x5f;                            //设置堆栈指针
    Timer0_init();                      //定时器初始化
    ET0=1;
    EA=1;                               //开中断
    While(1);                           //等待中断
}
```

6.4 T2 的工作方式及应用

定时器/计数器 T2 的工作方式只有一种,即 16 位自动重装载模式,可以用作定时或计数,适用于时钟输出或串口的波特率发生器。T2 的结构图和相关寄存器已在第 6.2.2 节中详细描述。T2 的使用方法类似 T0 的方式 0 的使用方法,与计算初始值的方法类似,不同的是 T2 的溢出中断请求标志不对用户开放,不能使用查询方式处理。

【例 6-7】 选用 STC15F2K60S2 单片机,使用定时器 T2 产生一个 50 Hz 的方波,采用的晶振为 6 MHz。

解 题目中要求产生一个 50 Hz 的方波,方波周期为 $1/50=0.02=20$ ms。

定时时间为方波周期的一半,即为 10 ms。

T2 只有一种工作方式,为 16 位的自动重载初值。若晶振为 6 MHz,选择 12 分频(12T 计数模式,那么由式(6-3)可知,初始值为 $2^{16}-10000/2=60536$。

将 AUXR 寄存器中的 T2_C/$\overline{\text{T}}$(AUXR.3)设为 0、T2x12(AUXR.2)设为 0、T2R(AUXR.4)设为 1、T2CLKO(INT_CLKO.2)设为 1、ET2(IE2.2)设为 1。

参考程序如下:

```
#include <STC15F2K60S2.h>              //包含头文件
void main(void)
{
    T2L=(65536-5000)%256;             //T2 的计数初值
    T2H=(65536-5000)/256;
    IE2|=   0x04;                     //允许 T2 中断
    AUXR=0x10;                        //T2 定时 不分频 启动定时器
    INT_CLKO=0x04;                    //允许 T2 时钟从 P3.0 输出
    While(1);                         //等待中断
}
```

6.5 设计案例:PWM 调速

智能车 PWM
调速案例讲解

PWM(脉冲宽度调制)是 pulse-width modulation 首字母的缩写。调整信号的脉冲宽度和周期,PWM 可以模拟出不同的电压或功率级别。图 6-12 所示的为固定周期的脉冲信号。以控制 LED 灯为例,脉宽时间让灯亮(ON),周期内其他时间让灯灭(OFF),占空比就是"脉宽时间"与周期时间的比值。当占空比很高,即灯亮的时间长、灭的时间短时,那么 LED 灯就会非常明亮。同理,当控制电机速度时,调整占空比可以控制有效使能信号的作用时间,占空比大,电机的转速越快。

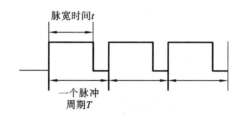

脉宽时间t

一个脉冲
周期T

图 6-12 固定周期的脉冲信号

在合适的信号频率下,PWM 通过一个周期里占空比的改变,从而达到改变输出的有效电压。由于 PWM 的电路线路简单、开关频率高、低速性能好,常应用在控制电机速度、LED 亮度、音频信号发生器中。

在 PWM 调速系统中,一般可以采用定宽调频、调宽调频、定频调宽三种方法改变控制脉冲的占空比。但是前两种方法会动态改变脉冲的频率,当该频率与系统的固有频率接近时将会引起振荡。为避免这种情况的发生,通常会用定频调宽的方式。脉冲的频率不变,也就是脉冲周期不变,调整 PWM 的脉宽时间(高电平的时间),改变占空比,从而达到控制直流电动机两端电压的大小。

假定电机始终接通电源时电机的最大转速为 V_{max},占空比为 $D=t/T$,则电机的平均速度 $V_s=D*V_{max}$,由公式可知,当改变占空比 $D=t/T$ 时,就可以得到不同的电机平均速度 V_s。

【例 6-8】 选用 STC15F2K60S2 单片机编写程序实现小车车速控制。单片机的 P1.4 和 P1.5 管脚分别连接电机的两个使能脚,调节 P1.4 和 P1.5 上输出波形的占空比,达到控制车速的目的。

解 借助定时器可以实现高低电平的矩形波、设置初始值,在中断服务函数中调整占空比。

定义一个周期为 25500 μs 的波形,将这个波形平均分成 255 份,每一份的时间为 100 μs。借助定时器 T0 定时 100 μs,借助变量 T_pwm 计算定时器中断的次数。如果占空比为 120/255,则 T_pwm 小于或等于 120 时相应的管脚输出高电平,当 T_pwm 大于 120 时,输出低电平。

变量定义如下:

```
sbit L_EN=P1^4;
sbit R_EN=P1^5;
unsigned char T_pwm;
```

定时器、中断初始化函数如下:

```
void Init_Reg()
{
    TMOD=0x02;               //T0  无门控  定时  方式 2
```

```
        TH0=256-156;              //赋初始值 TH0,假设晶振为 12 MHz,每次定时 100 μs
        TL0=256-156;              //赋初始值 TL0
        TR0=1;                    //启动定时器
        EA=1;                     //打开总中断
        ET0=1;                    //打开定时器 T0 中断
    }
```

中断服务函数如下:

```
    void IT0_ISR() interrupt 1
    {
        if(T_pwm==255)
        {
            T_pwm=0;              //为下一个脉冲周期准备
        }
        //控制左马达的速度,调节占空比
        if(LMSpeed >=T_pwm)
        {
            L_EN=1;
        }else
        {
            L_EN=0;
        }
        //控制右马达的速度,调节占空比
        if(RMSpeed >=T_pwm)
        {
            R_EN=1;
        }else
        {
            R_EN=0;
        }
        T_pwm++;                  //记录定时器中断的次数
    }
```

课后习题

1. 请描述定时器定时的原理。

2. STC15F2K60S2 单片机定时/计数器 T0 共有 4 种操作模式,由 TMOD 寄存器中 M1 M0 的数值决定,当 M1 M0 的数值为 00B 时,定时/计数器被设定为(   )。

A. 16 位自动重装初值的定时器/计数器   B. 16 位定时器/计数器

C. 自动重装 8 位定时器/计数器   D. T0 为 2 个独立的 8 位定时器/计数器

3. STC15F2K60S2 单片机有几个可编程的定时器/计数器?它们分别有哪些工作方式?

4. STC15F2K60S2 单片机的定时器/计数器用作定时时,其定时时间与哪些因素有关?

当作计数器时,对外界计数脉冲频率有何限制?

5. STC15F2K60S2 单片机的定时器/计数器 T0 工作在计数模式,在方式 0、方式 1 和方式 2 情况下最大能计的数值是多少? 如果工作在定时模式,系统时钟频率为 12 MHz,在方式 0、方式 1 和方式 2 情况下最长定时时间为多少?

6. TF0 为定时器/计数器 T0 的溢出中断请求标志,采用查询和中断各是如何撤销的?

7. 一个定时器的定时时间有限,有哪些方法可以实现较长时间的定时呢?

8. 定时器/计数器 T2 的工作方式有哪些? 与它相关的寄存器有哪几个?

9. 在实现计数或定时的功能时,中断方式和查询方式在处理上有什么不同? 哪种方式的效率更高?

10. 采用 STC15F2K60S2 单片机,f_{osc}=6 MHz,利用定时器 T0 控制 P1.0 输出一个矩形波,高电平宽为 100 μs,低电平宽为 150 μs。

11. 设 STC15F2K60S2 单片机的 f_{osc}=12 MHz,要求利用定时器 T0 的方式 2 对外部信号计数,外部信号由 T0(P3.4)引脚输入,编程实现每计满 100 次,将 P1.0 端取反,采取中断方式,要求有分析及计算过程。

12. 编写程序:采用 STC15F2K60S2 单片机,在 P1.2 管脚接一个驱动放大电路驱动扬声器,利用 T1 产生 1 kHz 的音频信号,设 f_{osc}=12 MHz。

第7章 串行口通信

学习目标

◇ 了解串行通信的基本原理。

◇ 理解同步通信与异步通信的区别。

◇ 掌握单片机串行口的内部结构。

◇ 掌握串行口控制字、控制寄存器、波特率与定时器的关系。

◇ 掌握串行口 C51 程序设计。

知识点思维导图

STC15F2K60S2 系列单片机有两个高速异步串行通信口，可以同时收发数据，也可以通过软件编程设置帧格式和波特率，使得数据通信变得更加高效和灵活。

与并行通信相比，串行通信在数据传输时只需要较少的数据线，这使得它在远距离传输中更具优势。STC15F2K60S2 系列单片机的串行口不仅可以实现终端与终端之间的数据通信，还可以实现终端与 PC 之间的数据通信，具有广泛的应用。

7.1 串行通信基本概念

串行通信是指将两个端点通过一条或两条数据线进行信息交换，数据按照二进制数一位一位的顺序传送。

按照数据传输方式，串行通信有单工方式、半双工方式和全双工方式，如图 7-1 所示。

单工方式：两个传输站点进行数据传输，数据只能向一个方向流动，只能从发送端到接收端。

半双工方式：数据可以在发送端和接收端两个方向上传输，但同一时刻只能在一个方向上传输。

全双工方式：数据可以同时在两个方向流动，每个站点可以同时接收数据、发送数据，它需要通信两端都具备完整的和独立的发送和接收功能。

在通信过程中，除了数据线，串行通信还需要一些控制信息。同步通信和异步通信在传输过程中，时钟的控制方式不同。

7.1.1 同步通信

在同步通信中，通信双方的物理时钟是相同的，发送方需要传送时钟信号。同步通信的同步方式和数据格式如图 7-2 所示。在进行数据传输时，发送和接收保持时刻同步。在同步通信中，先发送一个或两个同步字符，接收端检测到同步字符后，准备接收数据。数据以数据块

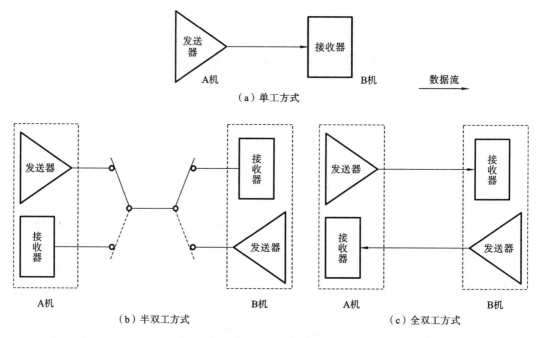

（a）单工方式

（b）半双工方式　　　　　　　　　　　　（c）全双工方式

图 7-1　串行通信数据传输方式

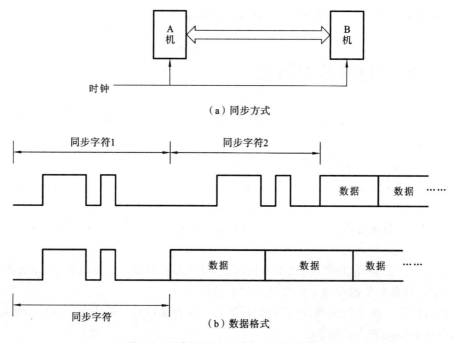

（a）同步方式

（b）数据格式

图 7-2　同步通信的同步方式和数据格式

的方式传送,字符要求连续传送,字符中间没有间隙,也不需要起始位和停止位,仅在数据开始用同步字符来指示。同步字符由用户约定,通常选用 ASCII 码中 SYNC 代码（16H）。

在同步通信中,由于字符之间没有间隙,所以通信效率比较高。但如果有一个字符数据传送出错,则将影响整个数据块,所以,传输的可靠性会降低。

7.1.2 异步通信

在异步通信中,通信双方的时钟是各自独立的,双方的发送和接收不必在同一时刻进行。异步通信不需要发送方向接收方传送时钟信号,但是要求双方的数据格式统一、通信速率相同。

异步通信采用帧格式传送,一个字符或一个字节数据会按照帧格式发送。字符和字符之间允许有间隙。每一帧由起始位、数据位、奇偶校验位和停止位组成,异步通信的帧数据格式如图7-3所示。

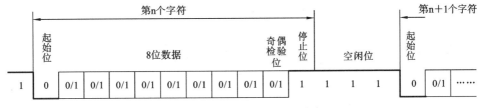

图7-3 异步通信的帧数据格式

起始位:只占一位,用来通知接收端设备要接收的字符开始到达。规定为低电平0。线路上不传送字符时,保持为1,当接收端检测到0时,接收端就准备接收字符。

数据位:在起始位后面,可以是7位、8位。

奇偶校验位:占1位,用于数据传送过程中的数据检错。通信双方必须约定一致的奇偶校验方式。如果不用奇偶校验位,这一位可以用来传送数据,数据位最多为9位。

停止位:占1位或2位,用来表示一个字符结束。如果不传送下一个字符,就让线路保持"1"。"1"代表空闲位,线路处于等待状态。

7.2 STC15F2K60S2串行口介绍

STC15F2K60S2单片机内部有两个可编程的全双工异步串行通信接口。串行口1和串行口2的组成相似,都有两个数据缓冲器、一个移位寄存器、一个串行控制寄存器和一个波特率发生器等。串行口1有四种工作方式,可以设置波特率,供不同的场合使用。串行口2只有两种工作方式。传统51单片机只有一个串行口,即串行口1。下面以串行口1为例介绍串行口的结构框图。

7.2.1 串行口结构

串行口结构框图如图7-4所示,物理上,串行口1有两个独立的缓冲器,一个用于发送数据,一个用于接收数据。两个数据缓冲器共用一个地址 99H(SBUF)。发送数据时,CPU 向 SBUF 装载数据并开始由 TxD 引脚向外发送一帧数据,发送完毕以后,发送中断标志位 TI 为 1;当满足串行口接收条件时,RxD 引脚的数据会进入输入移位寄存器,转载到 SBUF 里,接收中断标志位 RI 为 1。当 CPU 执行读数据操作时,从接收缓存器中取出信息,经内部总线送达 CPU。为了防止接收下一帧数据时 CPU 还没有取走上一帧数据,导致丢数据,所以,接收数据缓冲器设置成双缓冲方式。串行口 2 的两个数据缓冲器共用的地址是 9BH(S2BUF)。

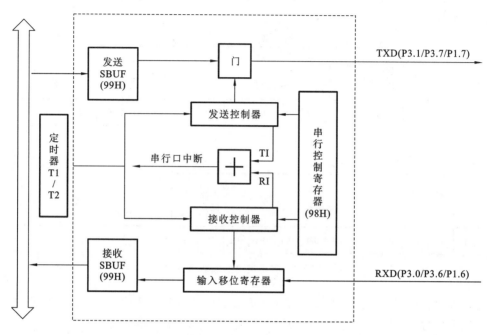

图 7-4   串行口结构框图

串行发送、接收的速率与移位时钟同步,定时器 T1/T2 可以产生稳定的时钟信号,控制数据传送速率。后面章节会介绍具体使用方法。

串行口 1 可以在三组管脚之间进行切换,默认接收、发送引脚分别为 P3.0(RxD)、P3.1 (TxD)。通过设置 P_SW1.6(S1_S0)、P_SW1.7(S1_S1)控制位,可以切换引脚 P1.6(RxD)、P1.7(TxD)和 P3.6(RxD)、P3.7(TxD)。

串行口 2 可以在两组管脚之间进行切换,默认接收、发送引脚分别为 P1.0(RxD2)、P1.1 (TxD)。通过设置 P_SW2.0(S2_S)控制位,可以切换引脚 P4.6(RxD)、P4.7(TxD)。

7.2.2   串行口控制寄存器

串行口 1 控制涉及工作方式选择、中断、可编程位的设置、波特率等。波特率设置与定时器有关,定时器、中断在前面章节已经详细介绍了,本节详细介绍工作方式选择、可编程位的设置。

1. 电源控制寄存器 PCON

PCON 主要用于控制电源,它的地址为 87H,不可位寻址。单片机复位后,PCON 的值为 30H。与串行口控制有关的只有 SMOD 和 SMOD0 位,其他位与串行口无关,暂不介绍。表 7-1 中列出了电源控制寄存器 PCON 中的串行口控制位。

表 7-1　电源控制寄存器 PCON 中的串行口控制位

	B7	B6	B5	B4	B3	B2	B1	B0
PCON(30H)	SMOD	SMOD0	LVDF	POF	GF1	GF0	PD	IDL

各位说明如下。

● SMOD(PCON.7):选择串行口 1 的波特率倍增系数。

串行口的方式 0 波特率不可变,其他三种方式波特率可变,受 SMOD 的控制。

当(SMOD)=1 时,波特率翻倍;

当(SMOD)=0 时,波特率不加倍。

● SMOD0(PCON.6):串行口 1 的帧错误检测有效控制位。

当(SMOD0)=1 时,SOCN.7(SM0/FE)设置为帧错误检测标志;

当(SMOD0)=0 时,SOCN.7(SM0/FE)设置为 SM0,SM0 与 SM1 共同控制串行口 1 的工作方式。

2. 串行口 1 控制寄存器 SCON

串行口 1 控制寄存器 SCON 主要用来设置状态标志、串行口的工作方式、接收控制等。表 7-2 中列出了 SCON 各位的信息,当单片机复位时,SCON 的值为 00H。

表 7-2　串行口 1 控制寄存器 SCON 各位的信息

	B7	B6	B5	B4	B3	B2	B1	B0
SCON(98H)	SM0/FE	SM1	SM2	REN	TB8	RB8	TI	RI

各位说明如下。

● RI(SCON.0):数据接收中断标志。接收完一帧数据的标志,由硬件置位 1。可以使用查询的方式读取数据,也可以使用中断的方式读取数据,但不管使用哪种方式,都需要由软件在处理程序时将 RI 清除。

● TI(SCON.1):数据发送中断标志。发送完一帧数据的标志,由硬件置位 1。与 RI 一样,可以使用查询或中断的方式处理,但不管使用哪种方式处理,需要由软件在处理程序时将 TI 清除。

● RB8(SCON.2):仅在方式 2 和方式 3 中使用。它是接收数据的第 9 位,用于数据传输中的数据奇偶校验,也可以用于多机通信中数据帧/地址帧的标志位。通常在进行数据帧/地址帧的标识时,约定 1 代表地址帧,0 代表数据帧。

● TB8(SCON.3):仅在方式 2 和方式 3 中使用。它是发送数据的第 9 位,用于数据传输中的数据奇偶校验,也可以用于多机通信中数据帧/地址帧的标志位。TB8 的用法与 RB8 的类似。

● REN(SCON.4):允许串行口 1 接收控制位。

当(REN)=1 时,启动串行接收器,可以接收数据;

当(REN)=0 时,禁止接收数据,CPU 无法读取引脚的信息。该位由软件控制置 1 或置 0。

● SM2(SCON.5):仅在方式 2 或方式 3 中使用,用来控制是否可以多机通信。在方式 2 和方式 3 中,设置该位的值为 0。

在方式 2 或方式 3 中,如果(SM2)=1 且(REN)=1,则接收机处于地址帧筛选状态;如果(SM2)=0 且(REN)=1,接收机禁止地址帧筛选,那么 RB8 进入 SBUF,RB8 通常为奇偶校验位。在地址筛选状态,当(RB8)=1 时,该帧为地址帧,进行地址筛选,如果与本机的地址相符,则 RI 置 1,否则 RI 置 0。

● SM0/FE(SCON.7):有两种不同的含义:当处于 FE 检测帧错误时,检测到一个无效停止位,通过 UART 接收器设置该位,由软件清零;当用于 SM0 时,与 SM1 一起用于串行口工作方式的控制。

● SM0、SM1(SCON.7 SCON.6):串行口 1 的工作方式控制位。表 7-3 列出了串行口 1 的 4 种工作方式和设置方式。

表 7-3　串行口 1 的 4 种工作方式和设置方式

SM0	SM1	工作方式	功　能	波　特　率
0	0	方式 0	8 位同步移位寄存器	$f_{sys}/12$ 或 $f_{sys}/2$
0	1	方式 1	10 位 UART	可编程
1	0	方式 2	11 位 UART	$f_{sys}/64$ 或 $f_{sys}/32$
1	1	方式 3	11 位 UART	可编程

寄存器 SCON 在串行口 1 的通信中非常重要,熟悉各位的功能对后面的串行口应用非常有必要。图 7-5 中列出了 SCON 的各位与功能的对应关系,这样便于记忆。

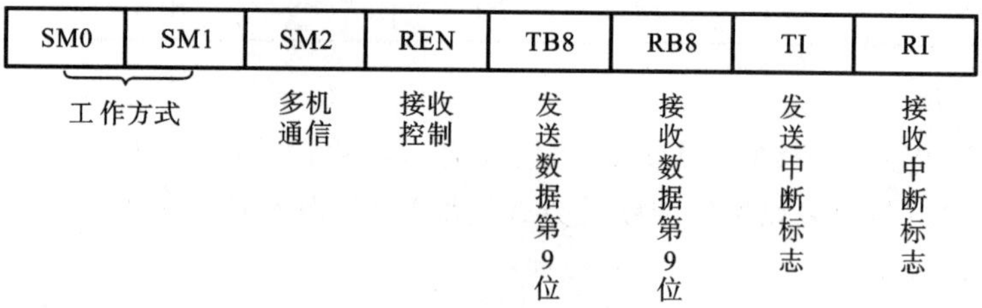

图 7-5　SCON 各位与功能的对应关系

3. 辅助寄存器 AUXR

辅助寄存器 AUXR 参与定时器设置、串行口设置,复位值为 00H。第 6.2.2 节中列出了与定时器相关的控制位,表 7-4 列出了辅助寄存器 AUXR 中与串行口控制的相关位含义。

表 7-4　辅助寄存器 AUXR 中与串行口控制的相关位含义

	B7	B6	B5	B4	B3	B2	B1	B0
AUXR(8EH)			UART_M0x6					S1ST2

各位说明如下。

● UART_M0x6(AUXR.5):串行口 1 方式 0 的通信速度设置位。串行口 1 方式 0 是同步移位寄存器,波特率与移位时钟同步。当(UART_M0x6)=1 时,波特率为系统时钟频率的 2 分频,通信速度比传统 51 单片机的速度快 6 倍;当(UART_M0x6)=0 时,波特率为系统时钟频率的 12 分频,通信速度与传统 51 单片机的速度一样。

● S1ST2(AUXR.0):串行口 1 选择波特率发生器的控制位,在方式 1 和方式 3 下使用。当(S1ST2)＝1 时,设置波特率发生器为定时器 T2;当(S1ST2)＝0 时,设置波特率发生器为定时器 T1。

4. 串行口 2 控制寄存器 S2CON

串行口 2 的控制方式与串行口 1 的类似,涉及控制寄存器 S2CON、波特率设置等 T2 相关寄存器(T2L、TH2 和 AUXR)、中断控制相关寄存器(IE2 和 IP2)、外围设备功能切换控制寄存器 P_SW2。串行口 2 只有两种工作方式,控制相对简单。控制寄存器 S2CON 可以控制串行口 2 的工作方式、控制相关通信功能、存放通信第 9 位数据、标识收发中断请求。表 7-5 列出了串行口 2 控制寄存器 S2CON 各位的信息。

表 7-5　串行口 2 控制寄存器 S2CON 各位的信息

寄存器(地址)	B7	B6	B5	B4	B3	B2	B1	B0
S2CON(9AH)	S2SM0		S2SM2	S2REN	S2TB8	S2RB8	S2TI	S2RI

控制寄存器 S2CON 的地址为 9AH,不能够位寻址,单片机复位后值为 00H。控制寄存器 S2CON 各位的含义如下。

● S2SM0(S2CON.7):控制串行口 2 的工作方式。

当(S2SM0)＝0 时,串行口 2 工作方式为 0。它的特点:8 位 UART,波特率可变,波特率为定时器 T2 溢出率的 1/4。

当(S2SM0)＝1 时,串行口 2 工作方式为 1。它的特点:9 位 UART,波特率可变,波特率为定时器 T2 溢出率的 1/4。

● S2SM2(S2CON.5):仅在方式 1 下使用,控制多机通信。使用方法与串行口 1 控制寄存器 SCON 的 SM2 位相似。

在方式 1 中,如果(S2SM2)＝1 且(S2REN)＝1,则接收机处于地址帧筛选状态;如果(S2SM2)＝0 且(S2REN)＝1,接收机禁止地址帧筛选,那么 S2RB8 进入 S2BUF,S2RB8 通常为奇偶校验位。

在地址筛选状态,当(S2RB8)＝1 时,该帧为地址帧,可进行地址筛选,如果与本机的地址相符,则 S2RI 置 1,否则 S2RI 置 0。

● S2REN(S2CON.4):允许串行口 2 接收控制位。用法与串行口 1 的类似。

● S2TB8(S2CON.3):仅在方式 1 中使用。它是发送数据的第 9 位,用法与串行口 1 的类似。

● S2RB8(S2CON.2):仅在方式 1 中使用。它是接收数据的第 9 位,用法与串行口 1 的类似。

● S2TI(S2CON.1):数据发送中断标志。用法与串行口 1 的类似。

● S2RI(S2CON.0):数据接收中断标志。用法与串行口 1 的类似。

7.3　波特率设置方式

波特率用于衡量数据通信的速率。在串行通信中,按照二进制数一位一位地顺序传送。波特率为每秒传输的二进制的位数,单位为 bit/s,简写为 b/s。

为了确保在串行通信中数据能够被准确地传输和处理,发送方和接收方必须约定相同的波特率。STC15F2K60S2 单片机的串行口 1 的方式 1 和方式 3 的波特率可变,方式 0 和方式 2 的类似;串行口 2 的两种工作方式的波特率可变,都为定时器 T2 溢出率的 1/4。串行口 1 的波特率的控制相对复杂,下面重点介绍串行口 1 的波特率设置方式。

1. 串行口 1 的方式 0 和方式 2

在方式 0 中,波特率仅受 UART_M0x6(AUXR.5)的控制,不受 PCON 的控制。当 (UART_M0x6)=1 时,波特率为 $f_{sys}/2$;当(UART_M0x6)=0 时,波特率为 $f_{sys}/12$。

在方式 2 中,波特率仅受 SMOD(PCON.7)的控制,与其他无关。此时,波特率计算公式为:

$$波特率_{方式2} = \frac{2^{SMOD}}{64} f_{sys} \tag{7-1}$$

只有两种数值选择。当(SMOD)=1 时,波特率为 $f_{sys}/32$;当(SMOD)=0 时,波特率为 $f_{sys}/64$。

2. 串行口 1 的方式 1 和方式 3

在方式 1 和方式 3 中,波特率都受定时器的控制,计算方式类似。根据应用场景,可以选择定时器 T1 或 T2 作为波特率的发生器。S1ST2(AUXR.0)位可控制选择哪一个定时器作为波特率的发生器。

(S1ST2)=0:选择 T1 定时器产生波特率。波特率受定时器、SMOD 的共同作用。波特率的计算方式为:

$$波特率_{方式1,3} = \frac{2^{SMOD}}{32} * T1 溢出率 \tag{7-2}$$

其中,T1 的溢出率为 T1 定时器定时时间的倒数。定时器的定时时间在前面章节已经介绍过。这里需要注意的是,选用 T1 定时器作为波特率的发生器时,通常让定时器工作在自动装载初始值的模式,即方式 0 或方式 2。定时器工作在方式 0 或方式 2 下,减少了重装初始值的指令,定时时间更精确。同时,为了避免 T1 定时器产生不必要的中断,应设置 T1 定时器中断禁止。

(S1ST2)=1:选择 T2 定时器产生波特率。波特率的计算方式为:

$$波特率_{方式1,3} = \frac{1}{4} * T2 溢出率 \tag{7-3}$$

其中,T2 的溢出率为 T2 定时器定时时间的倒数。其原理与 T1 定时器的类似。

【例 7-1】 选用 STC15F2K60S2 单片机,晶振为 11.059 MHz。串行口 1 选用定时器 T1 为波特率发生器,串行口 1 的工作方式为方式 1,要求通信双方的波特率为 2400 b/s。请编程完成定时器 T1 的初始化程序。

解 串行口 1 选用方式 1,由式(7-2)可知波特率受 SMOD 的控制,默认的 SMOD=0(不加倍)。

那么可得

$$2400 = \frac{2^0}{32} * T1 溢出率 \tag{7-4}$$

经计算可得 T1 溢出率为 76800。

T1 定时的时间为 T1 溢出率的倒数,故 T1 定时的时间为 $t=1/76800$ s。

在第 6 章中,定时器 T1 的定时功能需要设置 $C/\overline{T}$(TMOD.6)的值为 0;定时器 T1 有 4 种工作方式,方式 2 是 8 位的可自动装载初始值,适合用于波特率发生器;定时器 T1 定时时间还受 T1x12(AUXR.6)的控制,默认是 0,使用 12 分频后的系统时钟,计算公式为:

$$t = (2^8 - 初值\ x) * 12^{1-T1x12} / f_{sys} \tag{7-5}$$

在式(7-5)中,T1x12 此时为 0,定时时间 t 为 1/76800s,f_{sys} 为 11.059 MHz。

将式(7-5)代入数值计算,可以得出定时器 T1 的计数初值为:

$$初值\ x = 256 - 12 = 0xF4$$

定时器的初始化参考程序如下:

```
void Timer1_init()
{
    TMOD &= 0x0F;
    TMOD |= 0x20;             //T1 无门控 定时 方式 2
    TH1 = 0xF4;              //赋初始值 TH0
    TL1 = 0xF4;              //赋初始值 TL0
    ET1 = 0;                //禁止定时器 1 中断
    TR1 = 1;                //启动 T0
}
```

工具 STC-ISP 可以提供串行口波特率的参考程序,按照应用场景中约定的波特率、选用的定时器信息、串行口工作方式、系统频率等信息,可以生成 C 语言或汇编语言的初始化程序,可供工程使用。图 7-6 中显示了使用工具 STC-ISP 获得的程序样例。

图 7-6 使用 STC-ISP 工具获得的程序样例

7.4 串行口的工作方式

7.4.1 串行口 1 的工作方式 0

串行口 1 工作在方式 0 下,串行口不用来收发数据,而是用来同步移位寄存器,常用来进行并口的扩展。

如图 7-7 所示,方式 0 在发送数据时,外接 74LS164、CD4094 等芯片,常应用在扩展并行输出口。串行数据从 RXD 管脚输出,TXD 管脚输出移位脉冲 CLK,这时候的波特率为 $f_{sys}/2$ 或 $f_{sys}/12$。单片机先将数据送入 SBUF 中,然后串行口 1 将 8 位数据从低位到高位输出,发送完毕后将串行口 1 的中断标志 TI 置为 1,请求 CPU 进行中断处理。串行口 1 方式 0 发送数据的时序图如图 7-8 所示。

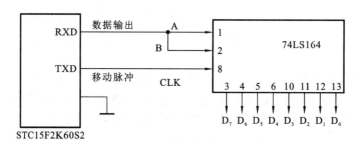

图 7-7 串行口 1 方式 0 用于扩展并行输出口

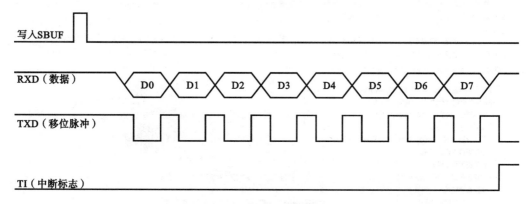

图 7-8 串行口 1 方式 0 发送数据的时序图

如图 7-9 所示,方式 0 在接收数据时,可以外接 74LS165 芯片,实现 8 位数据并行输入,即扩展并行输入口。当(RI)=0 且(REN)=1 时,数据从 RXD 管脚进来,写入接收数据缓冲器中,波特率为 $f_{sys}/2$ 或 $f_{sys}/12$。当 8 位数据接收完毕时,硬件设置串行口 1 接收中断标志 RI 为 1,请求 CPU 进行中断处理。串行口 1 方式 0 接收数据的时序图如图7-10 所示。

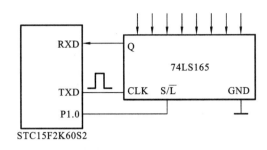

图 7-9　串行口 1 方式 0 用于扩展并行输入口

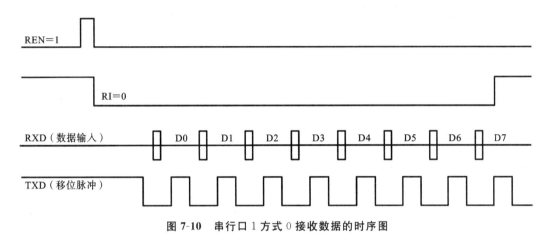

图 7-10　串行口 1 方式 0 接收数据的时序图

7.4.2　串行口 1 的工作方式 1

串行口 1 工作在方式 1 下,用来处理异步的双机通信,发送或接收 10 位的帧格式数据,如图 7-11 所示。每一帧数据由 1 位起始位(0)、8 位数据位、1 位停止位(1)组成。在方式 1 下,串行口硬件会将 SBUF 的数据按照帧格式进行打包解析。默认情况下,数据从 TXD/P3.1 管脚发送、从 RXD/P3.0 管脚接收,串行口 1 的方式 1 支持全双工传输。

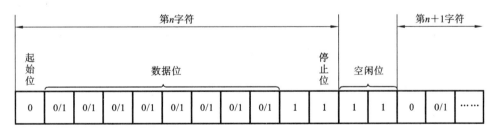

图 7-11　串行口 1 方式 1 发送或接收 10 位的帧格式数据

方式 1 的发送过程:当(TI)＝0 时,当前没有要发送的数据或数据已经发送完了;单片机执行写“SBUF”的指令后,串行口启动发送工作。图 7-12 描述了串行口 1 方式 1 的发送时序,TX 时钟频率与波特率一致。在有效控制信号下,每一个时钟周期内由 P3.1 管脚发送一位数据。先发送起始位,然后发送 8 位数据(低位在前),最后发送停止位。发送完一帧数据后,发送中断标志 TI 由 0 置为 1,通知 CPU 发送完成。在发送下一帧数据前,由软件在查询处理或中断服务程序中将 TI 置 0。

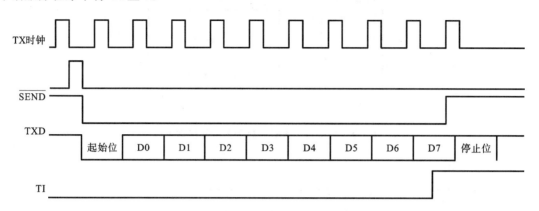

图 7-12 串行口 1 方式 1 的发送时序

方式 1 的接收过程：当(REN)＝1 且(RI)＝0 时，数据从 P3.0 管脚输入，启动接收工作。串行口 1 方式 1 的接收数据时序图如图 7-13 所示，当接收端 RXD 检测到一个低电平，即出现负跳变时，开始接收数据。相比发送数据，接收数据处理较为复杂。为了提高可靠性，消除干扰影响，在接收时采用"三中取二"的方式。检测器以波特率的 16 分频进行采样，每一位数据连续 3 次采样(通常在第 7 个、第 8 个、第 9 个脉冲采样)，从 3 个值中取出两个相同的值，将这个值作为该位的数值。按照这种方式处理完每一帧数据。

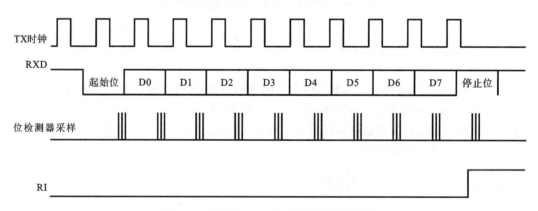

图 7-13 串行口 1 方式 1 的接收数据时序图

当一帧数据接收完毕后，要同时满足以下两个条件，接收才会有效；否则，所接收的数据会被丢弃，硬件也不置 RI 为 1。这两个条件如下。

(1) (RI)＝0；

(2) (SM2)＝0 或接收到的停止位为 1，在方式 1 下建议将 SM2 设置为 0。

接收数据满足上述两个条件后，由硬件将接收中断标志 RI 置 1，请求 CPU 处理。CPU 可以使用查询或中断方式处理接收数据，并利用软件将 RI 置 0。

7.4.3 串行口 1 的方式 2 和方式 3

串行口 1 的方式 2 是 11 位的 UART，它的帧格式如图 7-14 所示。数据中的字符按照一帧帧地传输,每帧包含起始位(1 位)、数据位(8 位)、奇偶校验或数据帧/地址帧的标志(1 位)、停止位(1 位)。在双机通信中,可以使用第 9 位进行奇偶校验,以提高数据传输的可靠性;在多机通信中,第 9 位可以用来判断当前帧是数据帧还是地址帧。方式 2 常用在多机通信中,它的波特率受 SMOD 和系统时钟的控制,波特率为 $\frac{2^{\text{SMOD}}}{64}f_{\text{sys}}$。默认情况下,数据从 TXD/P3.1 管脚发送、从 RXD/P3.0 管脚接收,串行口 1 的方式 2 支持全双工传输。

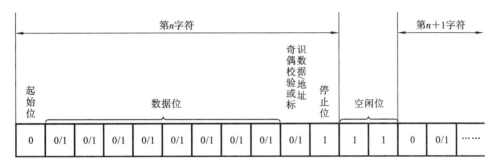

图 7-14　串行口 1 方式 2 的帧格式

　　方式 2 的发送过程:方式 2 比方式 1 多收发一位数据。串行口 1 发送前,需要根据通信协议确定好 TB8,利用软件将 TB8 写入 SCON 寄存器。同方式 1 类似,当(TI)=0 时,单片机执行写"SBUF"的指令后,串行口启动发送工作。图 7-15 描述了串行口 1 方式 2 的发送数据时序图,TX 时钟频率与波特率一致。在有效控制信号下,每一个时钟周期内由 P3.1 管脚发送一位数据。先发送起始位,然后发送 8 位数据(低位在前)和第 9 位(TB8)数据,最后发送停止位。发送中断标志 TI 的处理与方式 1 的类似,都是在发送完一帧数据置 1;在发送下一帧数据前,由软件在查询处理或中断服务程序中将 TI 置 0。

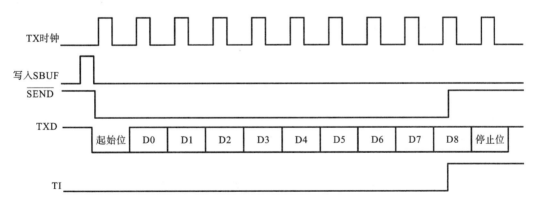

图 7-15　串行口 1 方式 2 的发送数据时序图

　　方式 2 的接收过程:当(REN)=1 且(RI)=0 时,数据从 P3.0 管脚输入,启动接收工作。串行口 1 方式 2 的接收数据时序图如图 7-16 所示,当接收端 RXD 检测到一个低电平,即出现负跳变时,开始接收数据。与方式 1 类似,方式 2 在接收时也采用"三中取二"的方式。检测器以波特率的 16 分频进行采样,每一位数据连续 3 次采样(通常在第 7 个、第 8 个、第 9 个脉冲采样),从 3 个值中取出两个相同的值,将这个值作为该位的数值。方式 2 接收数据时,将 8 位数据装载在 SBUF 中,将第 9 位数据写入 RB8 中。

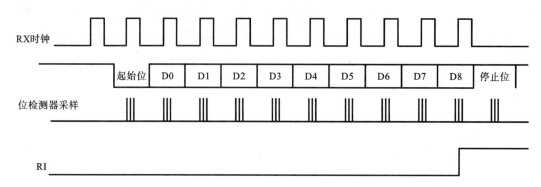

图 7-16 串行口 1 方式 2 的接收数据时序图

与方式 1 类似,方式 2 接收数据也要同时满足以下两个条件,接收才会有效;否则,所接收的数据会被丢弃。第一个条件是"(RI)＝0";第二个条件分为两种情况:一种情况是奇偶校验,要求(SM2)＝0;另外一种情况是,当(SM2)＝1(当前地址筛选)且(RB8)＝1 时,进行地址筛选,如果与本机的地址相符,则 RI 置 1,否则 RI 置 0。当接收有效数据时,硬件将 RI 置 1,提醒 CPU 处理接收到的数据。等 CPU 接收完数据后,利用软件将 RI 置 0。

串行口 1 的方式 3 与方式 2 的特点相似,它们的帧格式都是 11 位的,它们的数据发送接收时序一样。方式 3 与方式 2 的区别在于波特率的设置。方式 3 的波特率取决于定时器 T1 或 T2 的溢出率,可选择的波特率较多;而方式 2 的波特率只能选择 $f_{sys}/32$ 或 $f_{sys}/64$。在单片机的应用中,需要考虑通信的具体应用场景,确定合适的波特率,进一步结合定时器的资源分配选择串行口工作方式为方式 2 或方式 3。

7.5 串行通信应用

STC15F2K60S2 的串行口 1 有 4 种工作方式,应用非常广泛。

与计算机通信:单片机利用串行口与计算机(PC)收发数据来完成通信功能。可以灵活设置通信的速率,实现异步全双工通信。

控制外设:单片机可以通过串行口控制外部设备及数据信息交互。例如,单片机利用串行口与 LCD 液晶显示屏通信,下发控制命令设置显示状态和内容;利用串行口与电机驱动芯片通信,从而控制电机的转动;利用串行口与其他传感器交互采集数据,例如获取温湿度信息、采集光照信息等。

远程控制:单片机利用串行口与无线模块通信(比如蓝牙模块),下发控制命令,控制设备的状态。例如,水下远程控制作业,岸上主机通过串行口进行通信,控制水下终端设备作业动作。

7.5.1 双机通信

方式 1 用于双机通信,可以实现两个终端之间全双工通信。51 系列单片机的通信采用的是 TTL 电平,如果两端设备都是单片机,且相距较近(在 1.5 m 之内),则硬件可以直接连接,单片机直连通信如图 7-17 所示;但如果单片机与计算机(PC)通信,则需要外接电路进行电平转换,如图 7-18 所示。计算机通常提供 RS-232C 串行口,RS-232C 采用的是正负逻辑电平(EIA 电平)。所以,单片机可以外接 MAX232A 芯片完成电平转换。

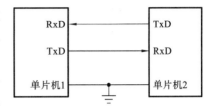

图 7-17　单片机与单片机直连通信

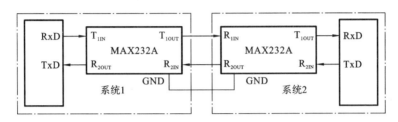

图 7-18　单片机经过电平转换接口连接的电路

需要注意,TTL 电平信号的电压范围较低,一般为 0 V～5 V 或 0 V～3.3 V,这种较低的电平使得信号传输速度快。然而,TTL 电平信号的抗干扰能力较弱,容易受到外部干扰,导致信号衰减或失真。TTL 电平通信的主要缺点是其通信距离相对较短,一般不超过 5 m。所以,在需要长距离通信的情况下,也可以考虑使用 RS-232C 接口实现双机通信。

不管是两个单片机设备通信还是单片机与计算机通信,抑或是采用哪种串行标准的硬件接口,数据的处理流程都是一样的。软件的处理与双机通信协议、传输速率以及安全等性能有关。

串行口通信可以利用中断或查询方式处理。为了提高 CPU 的利用率,接收端通常采用中断的方式处理,而发送端可以采用查询方式。

单片机串行口进行 UART 通信时,软件可以分为以下几个模块。

(1) 初始化串行口。

● 设置串行口 1 的工作方式、允许接收数据、通信数据的第 9 位等,即配置寄存器 SCON。

● 设置选择的定时器/计数器的工作方式、计数的初始值、分频系数,即配置寄存器 TMOD、THi、TLi 和 AUXR,然后启动定时器。

● 设置串行口波特率的倍增系数,即配置寄存器 PCON。

● 设置中断相关功能,例如打开总中断开关、打开串行口中断、设置优先级等。

参考代码如下:

```
SCON=0x50;          //串行口 1 工作在方式 1,允许接收数据
TMOD=0x20;          //选择定时器/计数器 T1,工作在定时、方式 2 下
TH1=0xF4;           //对应波特率为 2400 bit/s
TL1=0xF4;           //对应波特率为 2400 bit/s
TR1=1;              //启动定时器 T
IE=0x90;            //打开总中断、串行口中断
```

（2）发送程序。

按照通信协议打包发送的数据，逐个送入 SBUF 后，等待串行口发送。待发送完成后，清除 TI 标志。参考代码如下。

```
SBUF = 0x06;          //发送一字节的数据"06H"
while(! TI);          //等待发送结束,查询
TI = 0;               //使用软件清除发送中断标志位
```

（3）接收程序。

从 SBUF 读取接收的数据，按照通信协议解析接收的数据，并清除 RI 标志。参考程序如下。

```
while(! R I);         //等待接收数据,查询
Rev_Data = SBUF;      //接收数据处理
RI = 0;               //使用软件清除接收中断标志位
```

（4）处理中断。

串行口收发数据时除了使用查询方式外，还可以使用中断方式。通过通信协议来处理收发数据，编写中断服务函数，如下。

```
void S1_Inter() interrupt 4 using 0
{
    RI = 0;           //使用软件清除接收中断标志位
    ..                //处理数据
}
```

【例 7-2】 在点对点通信系统中有 A 机和 B 机，A、B 机通过串行口进行异步通信，如图 7-19 所示。A 机用来控制数码管显示的内容，将要显示的内容通过串行口传输到 B 机。B 机用来接收到数据，并将接收到的数据写入 40H 开始的内存中，数码管用来显示接收的内容。A 机发送字符"0～9"的段码时双方约定波特率为 4800 bit/s。A、B 机都采用 STC15F2K60S2 单片机，选择内部时钟的频率都为 11.0592 MHz。

解 A 机发送的参考程序如下：

```
# include <STC15F2K60S2.h>                //包含头文件
# define uchar unsigned char;
# define uint unsigned int;
uchar Send_data[] = {0xc0,0xf9,0xa4,0xb0,0x99,
                0x92,0x82,0xf8,0x80,0x90};  //0~9数字的段码
void delay_time(uint s_ms)
{
    uchar i,j,k;
    for(i=0;i < tempms;i++)
    {
        j=12;
        k=169;
        do
        {
```

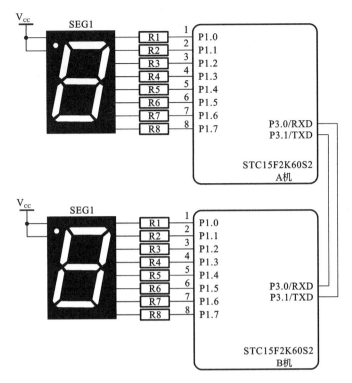

图 7-19　A 机与 B 机通过串行口进行异步通信

```
        while(--k);
        }while(--j);
    }
}
void S1_init(void)              //串行口等初始化
{
    SCON=0x50;                  //串行口 1 工作在方式 1,允许接收数据
    TMOD=0x20;                  //选择定时器/计数器 T1,工作在定时、方式 2 下
    PCON=0x80;                  //波特率加倍
    TH1=0xF4;                   //对应波特率 4800 bit/s
    TL1=0xF4;                   //对应波特率 4800 bit/s
    TR1=1;                      //启动定时器 T1
}


void main(void)
{
    uchar i;                    //用于循环变量控制
    P1=0;                       //P1 口初始化,数码管全亮
    S1_init();                  //串行口 1 完成初始化
    for (i=0;i<10;i++)
    {
        SBUF=Send_data[i];      //发送数组中的数据
```

```
        while(! TI );              //等待发送完成
        TI=0;                      //清除发送请求标志
        P1=Send_data[i];           //控制数码管的显示
        delay_ms(50);              //延时
    }
}
```

B 机接收的参考程序如下：

```
#include<STC15F2K60S2.h>          //包含头文件
#define uchar unsigned char;
#define uint unsigned int;
uchar i;                          //用于控制循环变量
uchar *p;                         //用于保存接收数据的地址
void S1_init(void)//串行口等初始化
{
    SCON=0x50;                    //串行口1工作在方式1,允许接收数据
    TMOD=0x20;                    //选择定时器/计数器T1,工作在定时、方式2下
    PCON=0x80;                    //波特率加倍
    TH1=0xF4;                     //对应波特率4800 bit/s
    TL1=0xF4;                     //对应波特率4800 bit/s
    TR1=1;                        //启动定时器T1
    IE=0x90;                      //打开中断总开关、打开串行口1中断
}

void main(void){
    p=0x40;                       //内存40H单元
    P1=0;                         //P1口初始化,数码管全亮
    S1_init();                    //串行口1完成初始化
    while(1);                     //等待接收数据中断
}

void S1_Inter() interrupt 4 using 0
  {
    if
    *p=SBUF;                      //将数据写入内存40单元
    P1=SBUF;                      //接收数据成功后,用于数码管控制显示
    P++;
    RI=0;                         //使用软件清除接收中断标志位
}
```

7.5.2 多机通信

很多应用场景需要多台设备协同工作,例如在智能家居、智慧农业等应用领域,多个终端节点采集数据信息上传主机。

STC15F2K60S2 单片机串行口 1 的工作方式 2 和工作方式 3 支持多机通信,可以构建分

布式系统。多机通信连接如图 7-20 所示,在一主多从的通信系统中,主机可以与任意一台从机进行通信;但从机与从机之间不能直接传递信息,只能从机发送信息给主机,由主机再转发给另外一个从机。

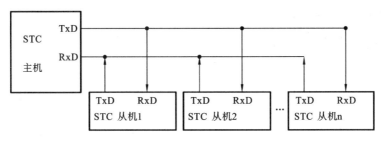

图 7-20　多机通信连接图

相比双机通信,多机通信需要对地址进行识别,通信流程较为复杂。

图 7-20 描述的多机通信系统,系统中允许接入 n 台从机,假设从机地址编号从 0 到($n-1$)。多机通信的具体流程如下。

(1) 置通信系统中所有的从机"SM2"为 1,让从机只能接收地址帧。

(2) 主机发送要通信的从机地址帧信息,包含 8 位地址信息,同时 TB 为 1,进行从机寻址。

(3) 所有从机接收到主机发送的地址帧信息后,分别将接收到的地址信息与本机的地址进行比较:若两者相同,则该从机就是主机要通信的对象,从而清除 SM2=0;若两者不同,则该机不是主机通信的对象,仍维持 SM2=1 不变。如果是目标从机,则后面准备接收主机发送的数据帧;如果不是目标从机,那么后面接收的数据直接丢弃,不进行任何处理。

(4) 主机开始发送下一帧数据,包含 8 位数据信息,同时 TB 为 0。目标从机接收数据帧,并进行相应的数据处理。这个过程一直延续到通信结束。

(5) 如果主机想改变通信的目标从机,那需要重新发送地址帧,呼叫其他从机。上一时刻通信的从机在收到信息比对地址时,会将自身 SM2 设为 1,不再处理下次通信中的数据。

【例 7-3】　如图 7-21 所示,在一个主从多机通信系统里,三台终端采用 STC15F2K60S2 单片机。主机将要发送的数据存放在内部 RAM 的"40H～49H"单元,存放着数字"0～9"的段码。当按下按键"S1"时,主机与从机 A 通信,发送数据,波特率为 9600 bit/s;当按下按键"S2"时,主机与从机 B 通信,发送数据,波特率也为 9600 bit/s;从机接收到数据后,将数据通过数码管显示出来。主机和从机 A、从机 B 都选择内部时钟,频率都为 11.0592 MHz。

解　多机通信按照约定的通信协议进行交互,发送数据可以采用查询的方式,接收数据可以采用中断方式。

主机参考程序如下所示:

```
# include <STC15F2K60S2.h>        //包含头文件
# define uchar unsigned char;
# define uint unsigned int;
//地址信息:从机 A 为 01,从机 B 为 02,主机为 03
uchar addr_slave;                 //通信的从机地址
sbit KeyS1=P1^0;                  //从机 A
```

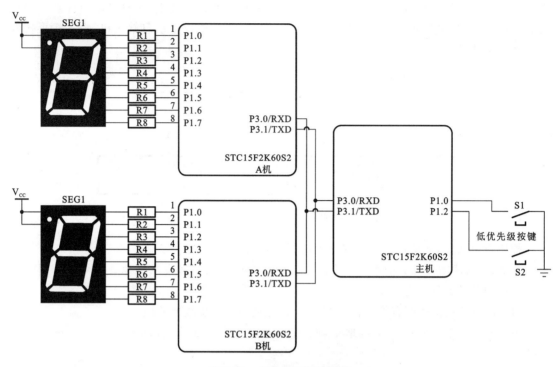

图 7-21　主从多机通信系统

```
sbit KeyS2 = P1^2;                    //从机 B
uchar i;                              //用于循环变量控制
uchar *p;                            //用于保存发送数据的地址
void S1_init(void)                   //串行口等初始化
{
    SCON = 0xD8;                      //串行口 1 工作在方式 3,允许接收数据,TB 为 1
    TMOD = 0x20;                      //选择定时器/计数器 T1,工作在定时、方式 2 下
    TH1 = 0xFD;                       //对应波特率 9600 bit/s
    TL1 = 0xFD;                       //对应波特率 9600 bit/s
    TR1 = 1;                          //启动定时器 T1
}

void Send_Data()
{
    S1_init();
    SBUF = addr_slave;               //发送地址帧
    while(! TI);                      //等待发送完成
    TI = 0;                           //清除发送请求标志
    SM2 = 0;
    //发送内存的数据
    p = 0x40;                         //内存 40H 单元
    for (i = 0; i < 10; i++)
    {
```

```
        SBUF= *p;                        //发送内存中的数据
        while(! TI);                     //等待发送完成
        TI= 0;                           //清除发送请求标志
        p++;
    }
}

void main(void)
{
  while(1)
  {
    if (KeyS1==0 )                       //判断 S1 按键是否按下
    {
      addr_slave= 0x01;                  //从机 A 的地址
      Send_Data();                       //向从机 A 发送信息
    }
    if (KeyS2==0 )                       //判断 S2 按键是否按下
    {
      addr_slave= 0x02;                  //从机 B 的地址
      Send_Data();                       //向从机 B 发送信息
    }
  }
}
```

从机 A 与从机 B 的处理方式类似,只在从机寻址中匹配的数值不一样。下面只列出从机 A 的处理过程,其参考程序如下:

```
# include <STC15F2K60S2.h>              //包含头文件
# define uchar unsigned char;
# define uint unsigned int;
uchar i;                                //用于循环变量控制
uchar *p;                               //用于保存接收数据的地址
uchar DatRec;                           //接收的数据
uchar DatRecNum;                        //接收数据的长度统计
void delay_time(uint s_ms)
{
    uchar i,j,k;
    for(i=0;i<tempms;i++)
    {
        j=12;
        k=169;
        do
        {
            while(--k);
        }while(--j);
    }
```

```
    }
    void S1_init(void)                    //串行口等初始化
    {
        SCON=0xF0;                        //串行口 1 工作在方式 3,允许接收数据,SM2 为 1
        TMOD=0x20;                        //选择定时器/计数器 T1,工作在定时、方式 2 下
        TH1=0xFD;                         //对应波特率 9600 bit/s
        TL1=0xFD;                         //对应波特率 9600 bit/s
        TR1=1;                            //启动定时器 T1
    }


    void main(void)
    {
        DatRecFlag=0;
        P0=0;                             //P1 口初始化,数码管全亮
        S1_init();                        //串行口 1 完成初始化
        IE=0x90;                          //打开中断总开关、打开串行口 1 中断
        while(1){
        if(DatRecNum==10)                 //数据接收完以后,控制数码管的显示
            {
                p=0x40;
                for(i=0;i<10;i++)
                {
                    P1= *p;
                    p++;
                    delay_time(10);
                }
            }
        };                                //等待接收数据
    }
    void S1_Inter() interrupt 4 using 0
        {
            if(RB8==1)
            {
                DatRec=SBUF;
                if(DatRec== 0x01)
                {
                    SM2=0;                //从机地址匹配成功后,置 SM2 为 0,等待下一帧数据
                }
            }
                if(RB8==0)
            {
                if(SM2== 0)
            {
                *p=SBUF;                  //将数据写入内存 40 单元
                p++;
```

```
            DatRecNum ++;
        }
        RI＝0;                              //使用软件清除接收中断标志位
        }
}
```

7.6 设计案例:蓝牙遥控

蓝牙是一种无线电技术,支持设备短距离通信(一般在 10 m 以内),它具有成本低、灵活安全、低功耗等特点,常用在嵌入式系统中。蓝牙技术是无线数据与语音通信开放性的全球规范,工作在 2.4 GHz ISM 频段。

选用支持 UART 和透传功能的 BT06 蓝牙模块。单片机通过 RX、TX 管脚与蓝牙模块实现串行口数据通信,单片机与蓝牙模块接口连接图如图 7-22 所示。

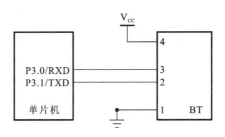

图 7-22 单片机与蓝牙模块接口连接图

手机端有 APP 软件,在 APP 上按"上、下、左、右"键代表"前进、后退、左转、右转"4 个功能。打开手机上的蓝牙开关,进行设备匹配,成功匹配单片机的蓝牙模块后,采用蓝牙与单片机通信。不同按键下发不同的信号控制命令,单片机接收相应的命令后控制电机的运行,实现智能车的控制。

通信流程分为手机端和单片机端,这里仅介绍单片机端(智能车)的处理过程。智能车串口接收数据处理流程如图 7-23 所示,单片机作为智能车的主控芯片,业务处理流程如下。

(1)开机后先初始化,主要设置串行口、定时器等相关寄存器。

(2)判断串行口是否连接正常,连接正常后进入下一步,连接不正常等待 30 s 后继续连接。

(3)判断串行口是否有数据接收,若无,则等待。

(4)接收串行口的数据,进行协议解析。

(5)根据解析后的信息,完成对智能车的电机控制,从而控制智能车的运行状态。

(6)继续监测串行口的收发状态。

手机端与单片机端约定以下控制命令。

● "0x01"代表智能车停止;

● "0x02"代表智能车前进;

● "0x03"代表智能车后退;

- "0x04"代表智能车左转；
- "0x05"代表智能车右转。

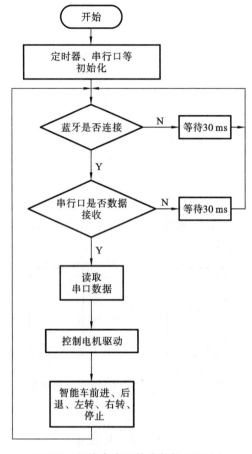

图 7-23　智能车串口接收数据处理流程

蓝牙模块在接收数据后,通过串行口传给单片机,串行口的波特率选用 9600 bit/s。通过计算机的串行口助手发送 AT 命令设置蓝牙模块的工作参数和状态。单片机使用 STC15F2K60S2,选择内部时钟,频率为 11.0592 MHz。单片机使用定时器 T2 做串行口波特率发生器,串行口 1 工作在方式 1 下(10 位的异步收发通信),串行口收发数据使用中断处理方式。

定时器 T2 用作串行口 1 的波特率发生器时,串行口 1 的波特率为"定时器 T2 的溢出率/4", T2 只有一种工作方式 0(16 位的自动重装载模式)。可以借助工具 STC-ISP 获取相关波特率的设置,确定定时器 T2 设置相关寄存器 TH2、TL2 和 AUXR。

部分参考程序如下:

```
//初始化变量
unsigned char pdata UartData;              //单字节串口数据
//串行口 1 初始化、定时器 T2 设置
voidInit_S1()
{
    SCON |=0x50;                           //串行口 1 工作在方式 1,接收使能
```

```
    AUXR |= 0x11;                          //定时器 T2 为串行口 1 的波特率发生器,启动
    AUXR |= 0x04;                          //定时器 T2 1T
    T2L = 0xE0;                            //设置定时器 T2 的计数初始值
    T2H = 0xFE;                            //设置定时器 T2 的计数初始值
    AUXR |= 0x10;                          //启动定时器 T2
}
//串口中断收发数据处理
voidS1_Inter() interrupt 4 using 0
{
    if(RI)
    {
        UartData = SBUF;                   //读取收到的数据
        RI = 0;
        switch(UartData)
        {
            case 0x01: CarStop();break;    //智能车停止
            case 0x02: CarForward();break; //智能车前进
            case 0x03: CarBack();break;    //智能车后退
            case 0x04: CarLeft();break;    //智能车左转
            case 0x05: CarRight();break;   //智能车右转
            default:break;
        }
    }
}
//主程序
void main()
{
    IE = 0x92;                             //打开总中断、串行口中断、定时器 T0 溢出中断
    Init_T0();                             //T0 定时器初始化,用于智能车车速控制
    Init_S1();                             //串行口 1 初始化
    While(1)
    {
        if(BT_state==0)                    //判断蓝牙是否连接
        {
            delay_ms(30);
        }
    }; //等待接收数据
}
```

课后习题

1. 采用串行通信,如果两机可以同时收发数据,属于(　　)数据传输方式。

A. 全双工　　　　　　B. 半双工　　　　　　C. 单工　　　　　　D. 以上均不正确

2. 在下列通信方式中,两机之间不需要独立时钟线的有( )。

A. SPI   B. I2C   C. UART   D. 1-Wire

3. 单片机在使用串口通信过程中,有时候需要转换成 RS-232 接口输出,因为( )。

A. RS-232 的通信速度更快   B. 完成编码转换

C. 提高通信电平,提升抗干扰能力   D. 只有用 RS-232 才可以实现双向通信

4. 串行通信中,需要两机使用相同的波特率,波特率的单位为( )。

A. 字节/秒   B. 字/秒   C. 帧/秒   D. 比特/秒

5. STC15F2K60S2 单片机的串行口 1 在进行通信时,波特率发生器可以使用( )。

A. 定时器 T0   B. 定时器 T1

C. 定时器 T2   D. 设置独立的电路

6. 串行口接收到的数据需要转换成并行数据,下列( )可以实现将串行数据转换成并行数据。

A. 3/8 译码器   B. 八进制计数器   C. 移位寄存器   D. 数据锁存器

7. 什么是串行异步通信,它在数据传输中有什么特点?

8. STC15F2K60S2 单片机的串行口 1 有几种工作方式,哪种方式常用来进行双机通信。

9. 寄存器 SCON 控制串行口 1 的工作方式、接收控制等,SM2 位有何作用? REN 位有何作用?

10. 相对双机通信,多机通信需要传送第 9 位信息,请简单描述多机通信的通信过程。

11. 编程实现以下功能:A 机与 B 机使用串行口 1 通信,A、B 机均采用 STC15F2K60S2 单片机,A 机将 RAM 的 40H~4FH 的数据发送给 B 机,B 机将接收到的数据存入自己的 RAM 的 40H~4FH 中。

第8章 系统总线扩展

学习目标

◇ 理解 I²C 总线的特点、接口和数据传输过程。

◇ 理解 SPI 总线的特点、接口和数据传输过程。

◇ 了解单总线的特点及 DS18B20 温度采集芯片。

◇ 了解并行总线的扩展方式。

知识点思维导图

随着大规模集成电路技术的发展,可以把 CPU 和一个单独工作的系统所必需的 ROM、RAM、I/O 端口、A/D、D/A 等外围电路集成在一个单片内,制成单片机或微控制器。目前,有 8 位、16 位、32 位等规格的单片机,同时包含具备一定容量的 ROM、RAM 以及功能各异的 I/O 接口电路等。但是,单片机的品种仍然有限,如果想要实现更多的功能,只能对选用的单片机进行扩展。扩展的方法有两种:一种是并行总线,另一种是串行总线。由于串行总线的连线少,结构简单,不需要专门的母板和插座,可以直接用导线连接各个设备,因此,采用串行总线可以大大简化系统的硬件设计。

8.1 I²C 总线串行扩展

I²C(inter interface circuit,芯片间总线),是应用广泛的芯片间串行扩展总线。目前世界上采用的 I²C 总线有两种规范,分别由荷兰飞利浦公司和日本索尼公司提出,现在多采用飞利浦公司的 I²C 总线技术规范,它已成为电子行业认可的总线标准。采用 I²C 技术的单片机和外围器件种类很多,目前 I²C 总线技术已广泛应用于各类电子产品、家用电器和通信设备中。

8.1.1 I²C 总线系统结构

I²C 是一种多向控制总线结构,也就是说,多个芯片可以连接到同一总线结构下,同时每个芯片都可以作为数据传输的控制源。这种方式简化了信号传输总线。

I²C 串行总线仅有两条信号线,数据线 SDA 和时钟线 SCL。I²C 总线上的各器件数据线都接到 SDA 线上,各器件时钟线都接到 SCL 线上,典型的 I²C 总线系统结构如图 8-1 所示。为了避免总线信号的混乱,要求各设备连接到总线的输出端时必须是开漏输出或集电极开路输出。

I²C 总线上允许连接多个微处理器以及各种外围设备,如存储器、LED 及 LCD 驱动器、A/D 及 D/A 转换器等。I²C 允许有多个主机,但任一时刻总线只能由某一台主机控制,各微处理器应该在总线空闲时发送启动数据,这样能保证数据可靠地传送。多台微处理器同时发

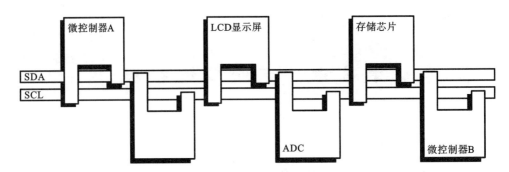

图 8-1　典型的 I^2C 总线系统结构

送启动数据会使传送产生冲突,但 I^2C 总线允许连接不同传送速率的设备。

　　I^2C 总线的数据传输由主机控制。主机是指启动数据的传送(发出启动信号)、发出时钟信号以及传送结束时发出停止信号的设备,通常主机都是微处理器;从机是被主机寻访的设备。为了标识通信设备,每个连接到 I^2C 总线的设备都有一个唯一的地址,便于主机寻访。设备上的串行数据线 SDA 的接口电路是双向的,即可以由主机发送数据到从机,也可以由从机发送数据到主机。凡是发送数据到总线的设备称为发送器,从总线上接收数据的设备被称为接收器。

　　串行时钟线 SCL 也是双向的,作为控制总线数据传送的主机,一方面要通过 SCL 输出电路发送时钟信号,另一方面还要检测总线上的 SCL 电平,以决定什么时候发送下一个时钟脉冲电平;作为接收主机命令的从机设备,需要根据总线上的 SCL 信号来发送或接收 SDA 上的信号。此外,从机也可以向 SCL 线发送低电平信号,以延长总线时钟信号的周期。I^2C 总线接口电路如图 8-2 所示,总线空闲时,因为各设备都是开漏输出,所以上拉电阻 Rp 使 SDA 和 SCL 线都保持高电平。任何设备输出的低电平都会使相应的总线信号变为低电平。这意味着,各设备的 SDA 线和 SCL 线都是以"与"关系连接的。换句话说,只要有一个设备将信号线

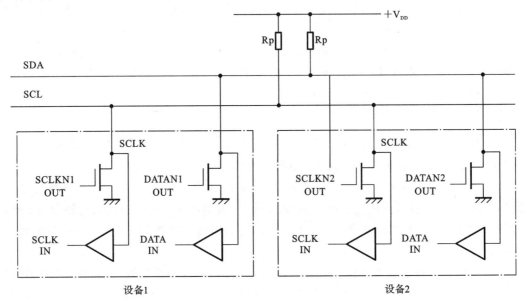

图 8-2　I^2C 总线接口电路

拉低,整个总线上的相应信号线就会处于低电平状态。

在标准的 I^2C 普通模式下,数据传输速率为 100 kb/s;在高速模式下,速率可达 400 kb/s。I^2C 总线上可扩展器件数量由电容负载确定,总线上允许的器件数量以器件的电容总量不超过 400 pf 为限(通过驱动扩展可达 4000 pf)。每个连接到 I^2C 总线上的器件都有唯一地址,扩展器件也受器件地址数的限制。

8.1.2 I^2C 总线的数据传输规则

1. 数据位的有效性规定

I^2C 总线在进行数据传送时,每一数据位的传送都与时钟脉冲相对应。时钟脉冲为高电平期间,数据线上的数据必须保持稳定,在 I^2C 总线上,只有在时钟线为低电平期间,数据线上的电平状态才允许变化。数据位的有效性规定如图 8-3 所示。

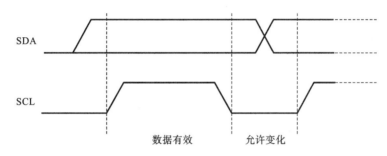

图 8-3 数据位的有效性规定

2. 起始信号和终止信号

在 I^2C 总线传输过程中,将两种特定的情况定义为起始条件和停止条件。起始信号和终止信号如图 8-4 所示。当 SCL 保持"高"时,SDA 由"高"变为"低"为起始条件;当 SCL 保持"高"且 SDA 由"低"变为"高"时为停止条件。起始条件和停止条件均由主控制器产生。

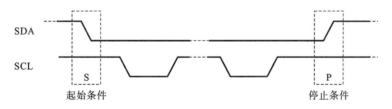

图 8-4 起始信号和终止信号

3. I^2C 总线上数据传送的应答信号

输出到 SDA 线上的每个字节必须是 8 位,每次传输的字节数量不受限制,但每个字节必须有一个应答。I^2C 总线在传送每个字节数据后,都必须有应答信号,应答信号在第 9 个时钟位上出现。如果从机要完成一些其他功能,例如从机在进行内部中断处理时,暂时中止数据传输,处理完毕后再接收或发送下一个完整的数据字节。从机可以保持时钟线 SCL 为低,以促使主机进入等待状态;当从机处理完毕后,释放时钟线(SCL),使其回到高电平,数据传输继续进行。I²C 总线上的应答信号如图 8-5 所示。

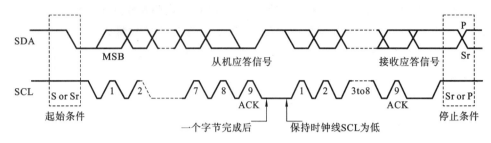

图 8-5　I²C 总线上的应答信号

4. I²C 总线的数据帧格式

在总线数据传送过程中,有主机写数据、主机读数据和复合操作三种情况,数据帧格式如下。

（1）主机写数据。

主机写数据过程:整个过程均为主机发送、从机接收,数据的方向位为 R/$\overline{W}$＝0。应答位 ACK 由从机发送,当主机发送终止信号后,数据传输停止。主机写数据的帧格式如图 8-6 所示。

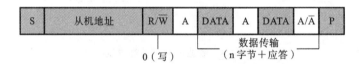

图 8-6　主机写数据的帧格式

其中 S 为起始信号,P 为终止信号,A 为从机应答信号,$\overline{A}$ 为非应答信号,字节 1～n 为主机写入从机的 n 字节数据,从机地址为 7 位。灰色背景的内容表示从主机发往从机,白色背景的内容表示从从机发往主机。

（2）主机读数据。

主机读数据过程:寻址字节为主机发送、从机接收,方向位为 1,n 字节数据均为从机发送、主机接收。主机接收完全部数据后,发送非应答位 $\overline{A}$,表明读操作结束,主机对从机读数据的帧格式如图 8-7 所示。

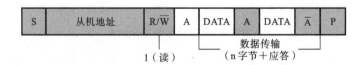

图 8-7　主机读数据的帧格式

（3）复合操作。

主机先发送 1 字节数据,再接收 1 字节数据,这是改变传送方向的数据传输过程。由于读/写方向发生变化,所以起始信号和寻址字节都会重复,且两次读/写方向相反。复合操作的帧格式如图 8-8 所示。

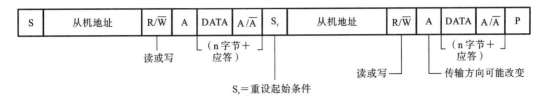

图 8-8 复合操作的帧格式

8.1.3 单片机模拟 I^2C 串行总线传送数据

由于传统的 80C51 单片机和 STC15F2K60S2 都没有 I^2C 接口,常用 I/O 线编程模拟 I^2C 总线上的信号及其时序。如果使用 80C51 系列单片机为主机,没有其他外设竞争总线时,需要编写 I^2C 总线初始化函数、起始信号函数、终止信号函数、应答函数、非应答函数以及一字节数据的发送函数和一字节数据的接收函数。

为保证数据可靠传送,标准 I^2C 总线数据传送有严格的时序要求。对于终止信号,要保证有大于 $4.7\ \mu s$ 的信号建立时间,终止信号结束时,要释放总线,使 SDA、SCL 维持在高电平上,在大于 $4.7\ \mu s$ 后才可以进行第 1 次起始操作。对于发送应答位、非应答位,与发送数据"0"和"1"的信号定时要求完全相同。在满足时钟高电平大于 $4\ \mu s$ 期间,SDA 线上有确定的电平状态即可。

(1) 总线初始化函数。初始化函数的功能是将 SDA 和 SCL 总线拉高以释放总线。参考程序如下:

```
#include <reg51.h>
#include <intrins.h>          //包含函数 _nop_()的头文件
sbit sda=P1^0;                //定义 I2C 数据传送位
sbit scl=P1^1;               //定义 I2C 时钟控制位
void init()                   //总线初始化函数
{
    scl=1;                    //scl 主高电平
    _nop_();                  //延时约 1 μs
    sda=1;                    //sda 为高电平
    delay5us;                 //延时约 5 μs
}
```

(2) 起始信号函数。起始信号 S 以及重复的起始信号,两根总线的高电平时间应大于 $4.7\ \mu s$。

```
void start(void)              //起始信号函数
{
    scl=1;
    sda=1;
    delay5us();
    sda=0;
    delay5us();
```

```
        scl=0;
    }
```

（3）终止信号函数。终止信号 P，要求在 SCL 高电平期间 SDA 的一个上升沿产生终止信号。

```
    void stop(void)                    //终止信号函数
    {
        scl=0;
        sda=0;
        delay4us();
        scl=1;
        delay4us();
        sda=1;
        delay5us();
        sda=0;
    }
```

（4）应答位信号函数。发送与接收应答位与发送数据"0"相同，要求在 SDA 低电平期间，SCL 发生一个正脉冲。

```
    void ack(void)                     //发送应答
    {
        uchar i;
        sda=0;
        scl=1;
        delay4us();
        while((sda==1)&&(i<255)) i++;
        scl=0;
        delay4us();
    }
```

SCL 在高电平期间，SDA 被从机拉为低电平表示应答。命令行中的（sda==1）&&（i<255）表示若在这一段时间内没有收到从机的应答，则主机默认从机已收到数据而不再等待应答信号，要是不加这个延时退出，一旦从机没有发应答信号，程序将永远停在这里。

（5）非应答函数。发送非应答位与发送数据"1"相同，即在 SDA 高电平期间，SCL 发生一个正脉冲。

```
    void Noack(void)                   //发送非接收应答位
    {
        sda=1;
        scl=1;
        delay4us();
        scl=0;
        sda=0;
    }
```

（6）一字节数据的发送函数。模拟 I^2C 的数据线由 SDA 发送一字节的数据（地址或数据），发送完后等待应答，并对状态位 ACK 进行操作，即应答或非应答都使 ack＝0，发送数据正常 ack＝1，从机无应答或损坏，则 ack＝0。

```
void SendByte(uchar data)          //发送非接收应答位
{
uchar i;
for(i=0; i<8; i++)
    {
    data <<=1;
    scl=0;
    delay4us();
    sda=CY;
    delay4us();
    scl=1;
    delay4us();
    }
scl=0;
delay4us();
sda=1;
delay4us();
}
```

串行发送一字节时，需要把这个字节中的 8 位一位一位地发出去，data＜＜＝1；就是将data 的内容左移一位，最高位将移入 CY 位中，然后将 CY 赋值给 sda，进而在 SCL 的控制下发送出去。

（7）一字节数据的接收函数。以下程序模拟由数据线 SDA 接收从机发送过来一字节数据。

```
uchar ReceiveByte(void)            //发送非接收应答位
{
uchar i, temp;
scl=0;
delay4us();
sda=1;
for(i=0; i <8; i++)
    {
    scl=1;
    delay4us();
    temp=(temp <<1)|sda;
    scl=0;
    delay4us();
    }
delay4us();
return temp;
}
```

同理,串行接收一字节时,需将 8 位数据一位一位地接收,然后再组合成 1 字节。"temp ＝(temp＜＜1)|sda"是将变量 temp 左移 1 位后与 SDA 进行逻辑"或"运算,依次将 8 位数据组合成 1 字节来完成接收。

8.2 SPI 串行外设接口总线

串行外设接口(serial peripheral interface,SPI)是 Motorola 公司推出的一种同步串行外设接口,它允许单片机与多厂家的带有标准 SPI 接口的外围设备直接连接。SPI 有较高的数据传输速度,最高可达 1.05 Mb/s。这些外设可以是串行 EEPROM、移位寄存器、显示驱动器和 A/D 转换器等。

目前世界各大公司为用户提供了一系列具有 SPI 接口的单片机和外围接口芯片,例如 Motorola 公司存储器 MC2814、显示驱动器 MC14489 和 MC14499 等,TI 公司的 8 位串行 A/D 转换器 TLC549 和 12 位串行 A/D 转换器 TLC2543 等,以及 ATMEL 公司生产的兼容 SPI 接口的 AT25F 系列的 Flash 存储器等。

8.2.1 SPI 串行外设接口各线的定义

SPI 总线使用四条线,其定义如下。
(1) 串行时钟线(serial clock,SCLK),串行时钟信号,由主机产生发送给从机。
(2) 主机输入/从机输出数据线(master input slave output,MISO),数据来自从机。
(3) 主机输出/从机输入数据线(master output slave input,MOSI),数据来自主机;
(4) 从机片选信号线(Chip Select,CS),由主机发送,以控制与哪个从机通信,通常是低电平为有效信号。

8.2.2 SPI 串行扩展典型结构

SPI 总线串行扩展典型结构如图 8-9 所示,SPI 是主从模式,SPI 应用系统通常是单个主机构成的系统,从机通常是存储器、I/O 口、A/D、D/A、键盘、日历/时钟和显示驱动等。

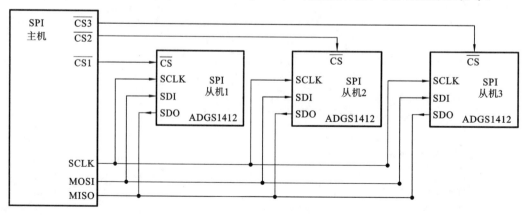

图 8-9 SPI 总线串行扩展典型结构

SPI 总线使用时需要考虑如下几点。

（1）外围器件的片选端 CS。扩展多个 SPI 外围器件时，不能通过数据线译码选择外围器件片选端 CS，单片机应分别通过 I/O 线分时选通片选端 CS，以选择 SPI 器件。扩展单个 SPI 器件时，SPI 器件的片选端 CS 可接地或由 I/O 控制。

（2）MISO/MOSI 线。在 SPI 总线串行扩展时，如某一 SPI 外设（如显示器）只用输出使用，主机可省去一条数据输入线 MISO。同样，若某一 SPI 外设（如键盘）仅作输入使用，主机则省去数据输出线 MOSI。

（3）在 SPI 串行扩展中，单片机每启动一次传送时，需要产生 8 个时钟，作为外围器件的同步时钟，控制数据的输入和输出，SPI 总线时序如图 8-10 所示，数据传送时由高位 MSB 到低位 LSB。数据线上输出/输入数据的变化，都取决于 SCLK。

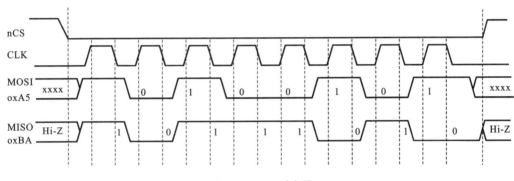

图 8-10　SPI 时序图

SPI 总线串行扩展系统的从机要具有 SPI 接口，STC15F2K60S2 内部有 SPI 接口，可以参考芯片手册配置相关寄存器使用，不用软件模拟时序。

8.2.3　SPI 模块相关的特殊功能寄存器

STC15F2K60S2 单片机支持 SPI 数据通信协议。SPI 是一种同步串行外设接口，常用于微控制器与外部设备之间的通信。

与 SPI 功能相关的寄存器有 SPI 控制寄存器 SPCTL、SPI 状态寄存器 SPSTAT、SPI 数据寄存器 SPDAT、外设端口切换寄存器 P_SW1。合理配置相应的寄存器，可以保证高速、可靠的数据通信。

1. SPI 控制寄存器 SPCTL

SPCTL 寄存器的字节地址是 CEH，不能够位寻址，复位值为 00000100B。SPCTL 寄存器各位的名称如表 8-1 所示。

表 8-1　SPCTL 寄存器各位的名称

	B7	B6	B5	B4	B3	B2	B1	B0
SPCTL(CEH)	SSIG	SPEN	DORD	MSTR	CPOL	CPHA	SPR1	SPR0

各位的说明如下。

● SSIG:SS 引脚忽略控制位。

当(SSIG)＝0 时,SS 脚用来确定器件是从机还是主机,SS 脚可以用做 I/O 口使用。

当(SSIG)＝1 时,由 MSTR 位控制器件是从机还是主机。

● SPEN:SPI 使能控制。

当(SPEN)＝0 时,SPI 通信禁止,与 SPI 相关的引脚可以当作通用 I/O 口使用。

当(SPEN)＝1 时,允许 SPI 通信。

● DORD:设置 SPI 数据接收和发送的位顺序。

当(DORD)＝0 时,SPI 发送数据时先发送字的最高位。

当(DORD)＝1 时,SPI 发送数据时先发送字的最低位。

● MSTR:主机和从机的选择位。

当(MSTR)＝0 时,从机模式。

当(MSTR)＝1 时,主机模式。

SPI 接口的主从工作模式选择还与 SPEN、SSIG、SS 有关,表 8-2 中列出了主从模式选择的具体设置。

表 8-2　SPI 主从模式选择的设置

SPEN	SSIG	$\overline{SS}$	MSTR	SPI 模式	MISO(P1.4)	MOSI(P1.3)	SCLK(P1.5)
0	X	P1.2	X	禁止	P1.4	P1.3	P1.5
1	0	0	0	从机	输出	输入	输入
1	0	1	0	从机未被选中	高阻	输入	输入
1	0	0	1→0	从机	输出	输入	输入
1	0	1	1	主(空闲)	输入	高阻	
				主(激活)		输出	
1	1	P1.2	1	主机	输出	输入	输入
			0	从机	输入	输出	输出

各位的说明如下。

● CPOL:SPI 时钟极性。

当(CPOL)＝0 时,空闲时 SCLK 为低电平。

当(CPOL)＝1 时,空闲时 SCLK 为高电平。

● CPHA:SPI 时钟相位选择。

当(CPHA)＝0 时,数据在 SS 为低时被驱动,在前时钟沿被采样,在后时钟沿发生改变。如果 SS 为高电平,操作未定义。

当(CPHA)＝1 时,数据在前时钟沿被驱动,在后时钟沿被采样。

● SPR1、SPR0:当为主机时,控制 SPI 时钟的速率。一共有 4 种时钟可以选择,在表 8-3 中列出了"SPR1、SPR0"对应 SPI 时钟频率。

表 8-3　SPI 时钟频率的选择

SPR1	SPR0	时钟(SCLK)
0	0	CPU_CLK/4
0	1	CPU_CLK/16
1	0	CPU_CLK/64
1	1	CPU_CLK/128

2. SPI 状态寄存器 SPSTAT

SPSTAT 主要用来记录 SPI 传输过程中的状态、写冲突,这个寄存器中有两位与 SPI 相关。SPSTAT 寄存器的字节地址是 CDH,复位值为 00xx xxxx(B),表 8-4 中列出来该寄存器各位的含义。

表 8-4　SPSTAT 各位的名称

	B7	B6	B5	B4	B3	B2	B1	B0
SPSTAT(CDH)	SPIF	WCOL						

● SPIF:SPI 传输完成的标志。

当 SPI 成功完成一次数据传输后,SPIF 标志位将被设置为 1。若此时 SPI 的中断请求以及总中断均被允许,则会向 CPU 发送中断请求。另外,当 SPI 处于主机模式且 SSIG 为 0、SS 为输入低电平时,这表示发生了"模式改变",此时 SPIF 也会被置为 1。需要注意的是,为了清除 SPIF 标志位,需通过软件向其写入"1"。

● WCOL:SPI 写冲突标志。

当 SPI 正在进行一次数据传输,向数据寄存器 SPDAT 执行写数据操作时,WCOL 会被置 1,代表数据写冲突。此时,新写入的数据会被丢失,而正在传输的数据保持发送状态。同 SPIF 一样,如果要清除 WCOL 标志位,需要通过软件向其写入"1"。

3. SPI 数据寄存器 SPDAT

SPDAT 数据寄存器用来存放 SPI 传输的数据,它的字节地址是 CFH。

4. 外设端口切换寄存器 P_SW1

STC15F2K60S2 单片机有 3 组引脚支持 SPI 通信,可以通过 P_SW1 外设端口切换寄存器完成引脚切换功能。表 8-5 中列出 P_SW1 寄存器各位的含义,P_SW1 的字节地址为 A2H,复位值为 00H。

表 8-5　P_SW1 寄存器各位的名称

	B7	B6	B5	B4	B3	B2	B1	B0
P_SW1(A2H)	S1_S1	S1_S0	CCP_S1	CCP_S0	SPI_S1	SPI_S0	0	DPS

与 SPI 管脚切换有关的是 SPI_S1、SPI_S2 位,具体的切换关系如表 8-6 所示。

表 8-6　SPI 接口的引脚切换关系

SPI_S1	SPI_S0	SS 引脚	MOSI 引脚	MISO 引脚	SCLK 引脚
0	0	P1.2	P1.3	P1.4	P1.5
0	1	P2.4	P2.3	P2.2	P2.1
1	0	P5.4	P4.0	P4.1	P4.3
1	1	无效			

5. SPI 中断相关的 IE2、IP2

SPI 中断允许控制位在寄存器 IE2 中为 ESPI。当 ESPI 为 1 时,表示 SPI 中断被允许。单片机复位时 ESPI 为 0,表示禁止 SPI 中断。需要注意的是,SPI 中断请求标志需要用软件清零,通过向其写入"1"而实现。

SPI 中断优先级控制位在寄存器 IP2 中为 PSPI。SPI 中断支持 2 个优先级设置,当 PSPI 为 1 时,表示高优先级;当 PSPI 为 0 时,表示低优先级。

8.2.4　SPI 数据通信实例

STC15F2K60S2 单片机中,SPI 接口的使用需通过合理配置相关寄存器来实现。同时,为确保数据传输的稳定性和准确性,还需编写相应的初始化代码及数据传输相关代码。

【例 8-1】　如图 8-11 所示,电路使用 STC15F2K60S2 单片机的 SPI 接口来实现两片单片机之间的数据传输,设系统时钟频率为 11.0592 MHz,工作方式为双机主从方式。每个单片

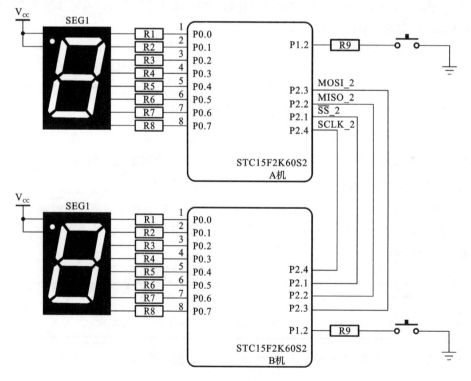

图 8-11　例 8-1 的电路接口图

机分别连接一个按键和数码管,A 机按下按键,发送数据控制 B 机的数码管显示。同样,B 机按下按键,发送数据控制 A 机数码管显示。

解 在进行 SPI 通信前,先设置 SPI 控制寄存器 SPICTL、SPI 状态寄存器 SPISTAT。可以选择中断方式,需要将中断允许标志 ESPI 和 EA 设为 1。

A 机与 B 机的功能相同,下面只列出 A 机的参考程序。

参考程序如下:

```
# include <STC15F2K60S2.h>        //包含头文件
# define uchar unsigned char;
uchar data_rec;                   //接收数据
sbit SS=P2^4;                     //从机选择
sbit KeyS1=P1^2;                  //按键引脚
void SPI_init(void)               //SPI 初始化
{
    P_SW1=0x40;                   //SPI 引脚选择第 2 组
    SPCTL=0xc0;                   //SPI 使能,由 MSTR 确定单片机为主机还是从机
    SPSTAT=0xc0;                  //将传输完成标志、写冲突清 0
    EA=1;                         //总中断打开
    IE2=0x02;                     //SPI 中断打开
}
void SPI_ISR() interrupt 9
{
    SPSTAT=0xc0;                  //将传输完成标志、写冲突清 0
    if(SPCTL & 0x10)             //判断是否为主机
    {
        SPCTL=0xc0;              //SPI 使能,设置为从机
        SS=1;
    }
    else
    {
        data_rec=SPDAT;         //SPI 为从机,保存接收的数据
    }
}
                                  void main(void)
{
                                  while(1)
{
    if (KeyS1==0 )               //判断 S1 按键是否按下
{
            dealy_ms();          //延迟消抖
        if (KeyS1==0 )           //S1 按键按下
{
        SPCTL=0xD0;              //SPI 使能,设置为主机
        SS=0;
        SPDAT=0xf9;              //发送数据
```

```
            while(! KeyS1);          //等待按键释放
        }
                                              }
    if(data_rec==0xf9)
      {
        data_rec=0;                  //清除接收的数据
        P0=0xf9;                     //点亮数码管
      }
    }
  }
```

8.3　单总线串行扩展

单总线也称 One-Wire Bus,是由美国 Dallas 公司推出的外围串行扩展总线。单总线仅有一根数据线,主机和所有从机设备通过一个漏极开路或三态端口连接到此数据线。当某设备不再发送数据时,可释放数据总线,以方便其他设备使用总线。

单总线通常要求外接一个约为 4.7 kΩ 的上拉电阻,这样,当总线闲置时,其状态为高电平。主机和从机之间的通信可通过三步完成,分别为初始化 One-Wire 器件、识别 One-Wire 器件和交换数据。由于它们是主从结构,只有当主机呼叫从机时,从机才能应答,因此主机访问 One-Wire 器件都必须严格遵循单总线命令序列,即初始化、ROM 命令、功能命令。如果出现序列混乱,则 One-Wire 器件将不响应主机(搜索 ROM 命令、报警搜索命令除外)。

One-Wire 协议定义了复位脉冲、应答脉冲、写"0"、读"0"和读"1"时序等几种信号类型。所有的单总线命令序列(初始化、ROM 命令、功能命令)都是由这些基本的信号类型组成的。在这些信号中,除了应答脉冲外,其他均由主机发出同步信号,并且发送的所有命令和数据都是字节的低位在前。

单总线器件内一般都有控制、收/发、存储等电路。为了区分不同的单总线器件,厂家在生产单总线器件时要刻录一个 64 位的二进制 ROM 代码,以标志其 ID 号。目前,单总线器件主要有数字温度传感器(如 DS18B20)、A/D 转换器(如 DS2450)、门标、身份识别器(如 DS1990A)、单总线控制器(如 DS1WM)等。

8.3.1　单总线温度数据采集芯片 DS18B20

DS18B20 芯片是由美国 Dallas 公司生产的数字温度传感器,这是世界上第一片支持"一线总线"接口的温度传感器芯片,其全部传感元件及转换电路集成在形如三极管的集成电路内,大大提高了应用系统的抗干扰性能,特别适用于分布面广、环境恶劣以及狭小空间内的设备的多点现场温度测量。

1. DS18B20 芯片引脚定义及主要特性

(1) DS18B20 芯片仅有三个引脚,如图 8-12 所示。

引脚 1-GND:电源地。

引脚 2-DQ:数字信号输入/输出端。

引脚 3-V_{DD}:为外接供电电源输入端(在寄生电源接线方式时接地)。

(2) DS18B20 芯片的主要特性。

DS18B20 芯片具有以下特征。

(1) 适应电压范围宽:为 3.0 V~5.5 V,在寄生电源方式下,可由数据线 DQ 供电。

(2) 单线接口方式:DS18B20 芯片与微处理器连接时仅需要一条 DQ 线,实现双向通信。

(3) 多点组网功能:多个 DS18B20 芯片可以并联,实现组网多点测温。

(4) 温度范围为 $-55\ ℃\sim128\ ℃$。

(5) 可编程的分辨率为 9~12 位,对应的可分辨温度分别为 0.5 ℃、0.25 ℃、0.125 ℃、0.0625 ℃,可实现高精度测温。

图 8-12 DS18B20 芯片的引脚

2. DS18B20 芯片的内部结构

DS18B20 芯片的内部结构如图 8-13 所示,由 64 位 ROM、单线接口、9 字节 RAM、温度传感器、8 位 CRC 发生器、存储器与控制逻辑电路等组成。

(1) 64 位 ROM。每片 DS18B20 芯片内都有唯一的 64 位光刻 ROM,由 8 位产品类型标号、48 位自身序列号和 8 位 CRC 循环冗余校验码组成。作为识别 DS18B20 的地址序列码,实现在一根单总线上区别多个 DS18B20 芯片,使得多个 DS18B20 传感器芯片可以共用总线构成多点测温网络。

(2) 单线接口 DQ。单片机通过 DS18B20 芯片的 DQ 单总线寻址,DQ 端内部为漏极开路,需要外接上拉电阻,电源也由 DQ 从单总线上馈送到片内电容存储。

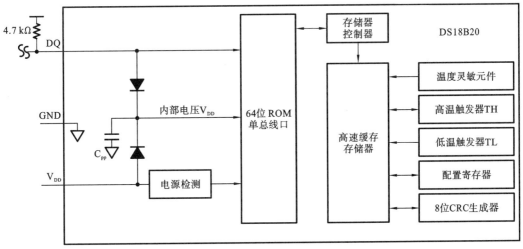

图 8-13 DS18B20 芯片的内部结构

(3) 9 字节 RAM。DS18B20 芯片内有 9 个字节的高速缓存 RAM 单元。

（4）8 位 CRC 发生器，用来产生一个字节的 CRC 循环校验码。

（5）存储器与控制逻辑电路，用来控制 DQ 单总线与 9 字节高速暂存器的连接关系。

8.3.2　DS18B20 芯片温度转换的计算

温度转换后所得到的 16 位转换结果值，存储在 DS18B20 的两个 8 位 RAM 单元中，其格式如图 8-14 所示，温度寄存器格式为 SSSSSXXXXXXXYYYY，以补码形式表示。

	BIT 7	BIT 6	BIT 5	BIT 4	BIT 3	BIT 2	BIT 1	BIT 0
LS字节	2^3	2^2	2^1	2^0	2^{-1}	2^{-2}	2^{-3}	2^{-4}

	BIT 15	BIT 14	BIT 13	BIT 12	BIT 11	BIT 10	BIT 9	BIT 8
MS字节	S	S	S	S	S	2^6	2^5	2^4

图 8-14　DS18B20 芯片温度值寄存器格式

其中，5 个 S 是符号部分，负温度值时为 11111，正温度值时为 00000。XXXXXXX 为温度的 7 位整数部分，4 个 Y 为温度的小数部分，转换精度为 $2^{-4}=1/16=0.0625$ ℃。可见，小数最低位 Y 实际的权值为 2^{-4}℃，整数最低位 X 实际的权值为 1 ℃。温度采集后获得的 2 个字节温度值将原始结果放大了 16 倍，最终结果应当除以 16。

例如，DS18B20 芯片输出为 0xFC90 时，实际温度值为 −55 ℃，计算方法如下。

由于是补码，先将 0xFC90 的低 11 位数据按二进制取反后加 1，得到 0x0370，注意符号位只作为判断正负的标志，则

$$温度 = 0x0370/16 = (0 \times 16^3 + 3 \times 16^2 + 7 \times 16^1 + 0 \times 16^0)/16 = 55 ℃$$

即表示采集温度为 −55 ℃。

8.4　并行总线扩展

虽然 80C51 单片机芯片内部集成了诸如定时器、串行口等功能部件，但是在应用系统中，很多时候会发现片内资源不够用，这时就需要在单片机芯片外部扩展必要的存储器及其他一些 I/O 端口，以满足实际需要。80C51 单片机没有专门的外部地址总线、数据总线和控制总线，而是利用 P0 口、P2 口和 P3 口的第二功能来实现外部三总线的，一旦进行了外部扩展，P0 口和 P2 口就不能再用作输入/输出端口。

8.4.1　并行总线的扩展原理

如图 8-15 所示，并行总线扩展使用了 P0 口、P2 口和部分 P3 口。地址总线由 P0 口和 P2 口、ALE（地址锁存使能）组成，数据总线由 P0 口组成，$\overline{PSEN}$、$\overline{WR}$ 和 $\overline{RD}$ 为控制总线。

（1）地址总线。单片机地址总线用于单向传送单片机送出的地址信号，以便进行存储器单元和 I/O 端口的选择。地址总线的数目决定了可直接访问的存储单元和 I/O 端口的数目。地址总线由 P2 口构成高 8 位，由 P0 口构成低 8 位，组成 16 位地址总线，达到 64 KB 的寻址

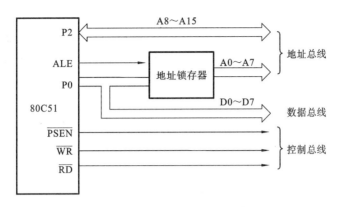

图 8-15 80C51 单片机并行总线的扩展

能力。实际应用中,如果不需要扩展 16 位地址,那么剩余的地址线仍可用作一般 I/O 口使用。

(2) 数据总线。数据总线用于单片机与存储器或 I/O 口间双向的数据传送。80C51 单片机的数据线为 8 位,与 P0 口相连。

(3) 控制总线。控制总线是用于控制片外 ROM、RAM 和 I/O 口读/写操作的。

8.4.2 并行总线的扩展应用

80C51 单片机并行总线的扩展主要用在外部存储器的扩展和 I/O 口部件的扩展,常见的实例如下。

(1) 外部 ROM 的扩展。其包括紫外线擦除的 EPROM,如 Intel 的 2716(2 KB)、2732(4 KB)、2764(8 KB)、27256(32 KB)和 27512(64 KB),以及电擦除的 EEPROM,如"+21 V 电"写入的 2816 和 2817(2 KB)与"+5 V 电"写入的 2816A 和 2817A(2 KB)等。

(2) 外部 RAM 的扩展。静态 RAM 有 Intel 的 6116(2 KB)、6264(8 KB)、62256(32 KB),动态 RAM 有 2164A(64 KB)。

(3) I/O 口的扩展。专用 I/O 口扩展有 8255(3×8 并行口)、8243(4×4 并行口)。

(4) 其他扩展。主要有 8259、8279、ADC0809、8251 和 DAC0832 等。

8.4.3 并行扩展地址译码技术

并行扩展的核心问题是扩展芯片的编址问题,即给存储单元和 I/O 口单元分配地址。对于需要扩展多个存储器和 I/O 口芯片的单片机系统,编址分为两个层次:扩展芯片的选择和扩展芯片片内单元的选择。

占据相同地址空间的扩展芯片(ROM 之间或者 RAM 和 I/O 之间)与单片机地址连接方式如下。

(1) 片内单元的选择:单片机地址总线 A0~A15 由低位到高位与扩展芯片片内地址线顺次相接,选中芯片片内单元。

(2) 对存储器芯片、I/O 口芯片访问时,片选端信号必须有效。单片机的剩余高位地址线作为片选线,经译码后与扩展芯片的片选端相接,选中芯片。

(3) 扩展芯片的选择:由高位地址实现,扩展芯片片选端连接方式有线选法和译码法。

1. 线选法

若系统只扩展少量的 ROM 或者少量的 RAM 和 I/O 口,可采用线选法,即把单片机单独的地址线(通常是 P2 口的某一条线)连接到扩展芯片片选端上,只要此地址线为低电平,就选中该芯片。

线选法的特点是电路简单,不需要另外增加硬件电路,体积小成本低。由于除了片选端和片内地址是确定的,其余地址无论取"1"或取"0",都不会影响对片内单元的确定,因此会出现地址重叠。

2. 译码法

对于需要扩展 RAM 容量较大和 I/O 口较多时,当芯片所需要的片选信号多于可利用的高位地址线时,就需要采用地址译码法。译码法分全译码和部分译码,译码法需要使用地址译码器,常用的地址译码器有 74LS138(3-8 译码器)、74LS139(双 2-4 译码器)和 74LS154(4-16 译码器)。

全译码就是扩展芯片的地址线与单片机系统的地址线顺次相连后,剩余的单片机高位地址线全部参加译码。由于地址译码器使用了全部剩余高位地址线,因此地址与存储单元需一一对应。全译码的特点是存储器芯片的地址空间是唯一确定的,但译码电路相对复杂。

部分译码就是扩展芯片的地址线与单片机系统的地址线顺次相连后,剩余的单片机高位地址线仅一部分参加译码。部分译码由于只使用了部分高位地址线,未使用的地址线取"1"或取"0",不影响最终地址的确定,因此地址空间有重叠。

课后习题

1. I^2C 总线不可以配置为(　　) bit/s。

A. 100 k　　　　　　B. 100 M　　　　　　C. 400 k　　　　　　D. 1 M

2. I^2C 串行线有 2 根双向的信号线,分别是_____、_____。

3. (　　)的接口中数据的传输只需要一个时钟信号和两条数据线:SCK(串行时钟线)、MOSI(主机输出/从机输入)、MISO(主机输入/从机输出)。

A. SPI　　　　　　B. UART　　　　　　C. I^2C　　　　　　D. 1-wire

4. 80C51 单片机的片外并行三总线分别是地址总线、_____总线和控制总线。

5. I^2C 协议的主要特点是什么?在 51 单片机中如何应用 I^2C 协议进行外设通信?

6. SPI 通信的工作原理是什么?SPI 通信通常使用哪些引脚实现?

7. 单总线的主要特点是什么?

第9章 应用系统综合训练

学习目标

◇ 理解 STC15F2K60S2 单片机的最小系统组成。

◇ 掌握系统方案的硬件设计和软件设计的方法。

STC15 系列单片机是 STC 公司的新一代增强型 8051 单片机,片内集成高精度 R/C 时钟和可靠复位电路,免去了外部复位电路和外部振荡电路。STC15 单片机具有丰富的外设接口,可以方便与其他传感器等外设进行连接、通信,实现各种智能化功能。STC15 单片机作为一款高速率、高精度的微控制器,编程简单,便于进行程序开发和调试。

9.1 点阵字符显示

点阵字符显示案例讲解

LED 点阵显示屏可以显示数字或字符,广泛应用在红绿灯、广告牌等场景。设计一种基于 STC15F2K60S2 单片机的 16×16 点阵 LED 显示屏方案,实现在 16×16 点阵显示屏上显示静态字符或移动字符。

9.1.1 硬件方案设计

STC15F2K60S2 单片机内置高精度 R/C 时钟和可靠复位电路,最小系统只需要供电即可。点阵显示解决方案选用由 4 片 8×8 单色点阵模块构成的 16×16 点阵模块,单片机通过行列驱动控制点阵模块的显示状态,16×16 点阵显示系统框图如图 9-1 所示。采用一种称为动态扫描的显示方法,逐行轮流点亮 LED 点阵,由于人眼的视觉暂留现象,使人能够看到显示屏上常亮的图形。

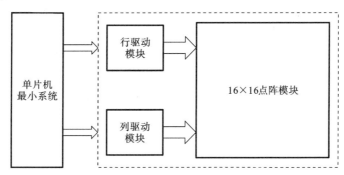

图 9-1 16×16 点阵显示系统框图

采用动态扫描方式进行显示时,每一行有一个行驱动模块,各行的相同列共用一个列驱动模块,驱动模块选用 74HC595 和 74HC138。如果选用的 LED 点阵是共阴极点阵,则行驱动器为 74HC138、列驱动器为 74HC595;如果选用的 LED 点阵是共阳极点阵,则行驱动器和列驱动器芯片需要进行互换,以保证能够正常地驱动显示。

行列驱动模块与 16×16 点阵模块的接口电路原理图如图 9-2 所示,对于共阴极点阵,行驱动部分的芯片选用 74HC138。74HC138 为 3-8 线译码器,输出为低电平有效,将两片 74HC138 芯片级联后形成一个更大的 4-16 线译码器,输出电平为 1 个低电平和 15 个高电平,低电平的行将会被选中,能够进行显示。A3～A0 的组合为行选择信号,决定 H1～H16 哪一行输出有效信号。

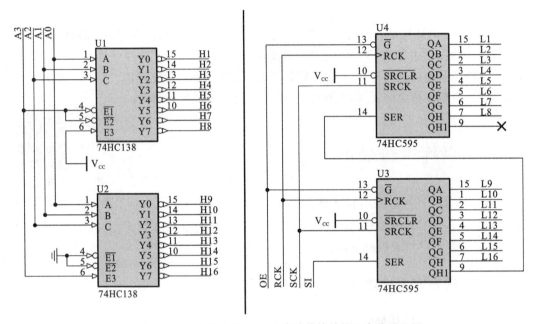

图 9-2　行列驱动模块与 16×16 点阵模块的接口电路原理图

列驱动部分的芯片选用 74HC595,它有一个 8 位的串入并出移位寄存器,并带有输出锁存功能,将两片 74HC595 级联后形成一个 16 位的串入并出移位寄存器。SI 是串行数据的输入端,SCK 是移位寄存器的移位脉冲,在其上升沿发生移位,这样经过 16 个移位脉冲后,16 列数据已准备就绪。RCK 是输出锁存器的锁存信号,其上升沿时移位寄存器的信号进入输出锁存器。OE 是输出允许信号,当 OE 为低电平时,输出有效。由于 SCK 和 RCK 两个信号是相互独立的,所以能够做到输入串行移位与输出锁存互不干扰。当 QH1 作为多片 74HC595 级联应用时,QH1 是向上一级的级联输出信号。

根据 8×8 点阵模块的所在位置,分别与 H1～H8、H9～H16、L1～L8、L9～L16 连通,连接示意图如图 9-3 所示。

9.1.2　软件设计

点阵就是一幅位图,用一个比特(bit)表示一个点(像素)。在 16×16 点阵字库中,有 16×16 个比特,存储一个汉字的字模信息需要用到 32 个字节。汉字字模可以从标准汉字库中通

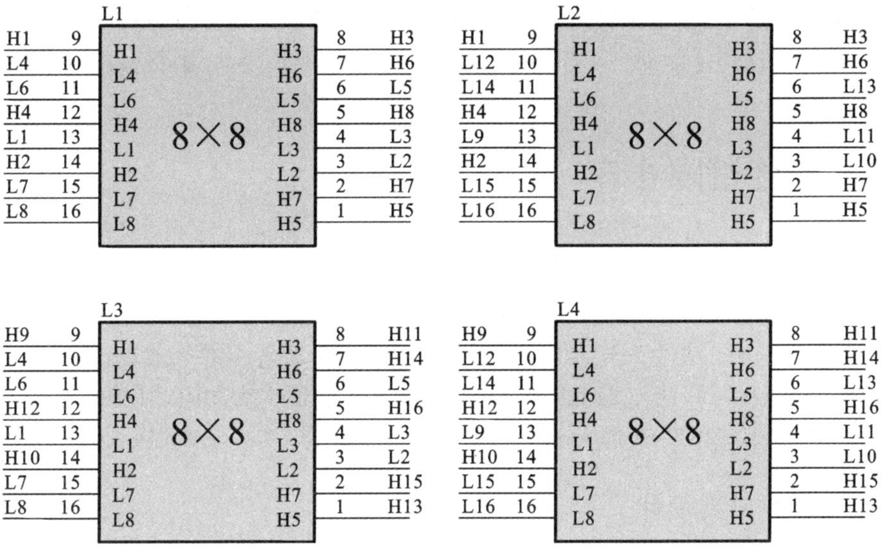

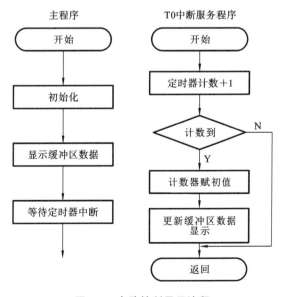

图 9-3　连接示意图

过计算直接提取,也可以使用字模生成软件获取。例如,16×16 点阵滚动显示"你好",可以将"你""好"的字模先取出,每个字分别放在一个数组中。

　　对于每个字符,A3～A0 的组合为行选择信号,列信号通过 SI 逐位发送到 74HC595。

　　单片机启动后,先完成数据初始化。每刷新一行数据时间大概为 $500\ \mu s$,借助定时器 T0 定时模式完成 $500\ \mu s$ 计时。同时,初始化显示缓冲区数据,即一个字模信息(共 32 个字节)。控制点阵显示,每次定时器溢出就更新行号、更新列数据并锁存。主程序等待一段时间(约 80 ms),在这段时间内显示的字符将会保持不变,然后更新显示缓冲区的数据。通过这样的操作实现字符的移动,如果一次更新 2 个字节,显示将会逐列移动,如果一次更新 32 个字节,显示将会直接跳到下一个字符显示。点阵控制显示流程如图 9-4 所示。

图 9-4　点阵控制显示流程

需要特别注意的是,显示字符时先关闭 74HC595 的列输出,再发送行数据,然后发送列使能信号和列数据。这样才能保证 LED 点阵实现正常的显示效果,否则将会出现乱码。

9.2 循迹避障小车

智能车是一个集环境感知、动态决策、智能控制与执行等多功能于一体的移动式机器人,由传感器、控制器和执行器三部分组成,可应用于自动控制、计算机技术、模式识别、工业生产等领域。在仓库巡检应用,智能车可以自动跟随引导线前进,节省人力,提高工作效率;在无人驾驶中,智能车遇到障碍物可以自动停止或改变方向,可提高行驶的安全性。设计一种基于 STC15F2K60S2 单片机的循迹避障智能小车,实现车速控制、循迹避障等功能。

9.2.1 硬件方案设计

智能车的主控芯片采用 STC15F2K60S2 单片机,前面章节已对电机的控制、PWM 调速功能进行了详细讲解。硬件方案设计框图如图 9-5 所示,在之前的硬件模块上,增加循迹模块和避障模块。其中,循迹模块采用红外反射式开关传感器,用来识别行驶中的黑色引导线;避障模块采用超声波测距的方式,用来判断前方的障碍物。

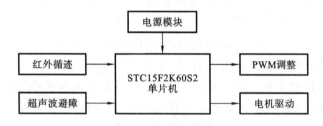

图 9-5 硬件方案设计框图

循迹模块接口图如图 9-6 所示,循迹模块采用的是红外线传感器,可以利用交流调制信号,可以降低外界光对红外线传感器的影响。采用两对反射型光电探测器 RPR220,光电传感器采用红外对管。由于物体对红外线的反射效率有所不同,黑色物体反射率极低,白色物体反

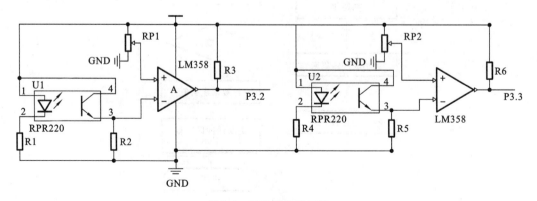

图 9-6 循迹模块接口图

射率极高。当红外线照射到黑色胶带时,智能车红外对管中的接收管接收到的红外光弱,通过电阻分压后的电压低,通过 LM358 的 1 脚输出的电平高;而红外线照射到白色胶带时,红外对管中的接收管接收到的红外线强,通过电阻分压后的电压高,通过 LM358 的 1 脚输出的电平低。所以,可以读取单片机管脚 P3.2 的状态,可以判断是否检测到黑线。

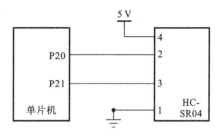

避障模块结构简化图如图 9-7 所示,避障模块采用超声波模块。超声波避障的原理就是通过给超声波模块超过 10 μs 的高电平信号,自动发送 8 个 40 kHz 的方波,检测是不是有信号的返回。如果有信号返回,那么可以判断为前方有障碍物,同时 P2.0 管脚输出高电平。通过计算高电平的持续时间,推算出智能车与障碍物的距离。

图 9-7　避障模块接口简化图

9.2.2　软件设计

智能车的软件包括初始化、启动停止功能、调速控制功能、循迹功能、避障功能等,重点讲述循迹功能和避障功能的实现。

循迹功能实现的逻辑如图 9-8 所示。启动程序,智能车开始循迹模块初始化,如果没有检测到黑线,则智能车直线前进。当左侧检测到黑线时,控制智能车左转一定角度;当右边检测到黑线时,智能车右转一定角度。

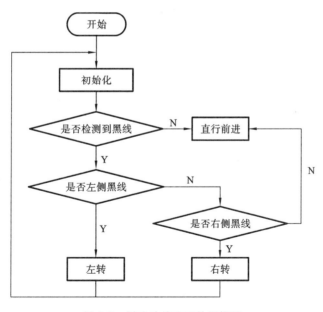

图 9-8　循迹功能实现的逻辑图

避障功能实现的逻辑图如图 9-9 所示。启动程序,智能车开始避障模块初始化,如果前方没有检测到障碍物,则智能车直线前进。如果前方检测障碍物,则计算智能车与前方障碍物的距离 L。距离 L 超过一定距离时可以先减速到最慢,若距离 L 在避障距离内,需要控制智能车停止前进。然后后退一定距离后向左转一定的角度,继续探测前方是否有障碍物。如果还有障碍物,则将后退右转,再次检测,以此类推。

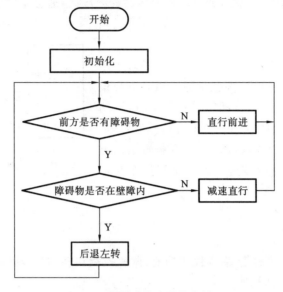

图 9-9   避障功能实现的逻辑图

附录 A　STC15 单片机的特殊功能寄存器简表

字节地址	SFR	寄存器名称	复位值	位地址/位符号 B7	B6	B5	B4	B3	B2	B1	B0
80H	P0	P0 端口	FFH	P0.7	P0.6	P0.5	P0.4	P0.3	P0.2	P0.1	P0.0
81H	SP	堆栈指针	07H	指向堆栈栈顶位置							
82H	DPL	数据指针低 8 位	00H	数据指针 DPTR 低 8 位							
83H	DPH	数据指针高 8 位	00H	数据指针 DPTR 高 8 位							
87H	PCON	电源控制	30H	SMOD	SMOD0	LVDF	POF	GF1	GF0	PD	IDL
88H	TCON	定时器控制	00H	TF1	TR1	TF0	TR0	IE1	IT1	IE0	IT0
89H	TMOD	定时器模式	00H	GATE	C/$\overline{\text{T}}$	M1	M0	GATE	C/$\overline{\text{T}}$	M1	M0
8AH	TL0	T0 低 8 位	00H	定时器 T0 计数值的低 8 位							
8BH	TL1	T1 低 8 位	00H	定时器 T1 计数值的低 8 位							
8CH	TH0	T0 高 8 位	00H	定时器 T0 计数值的高 8 位							
8DH	TH1	T1 高 8 位	00H	定时器 T1 计数值的高 8 位							
8EH	AUXR	辅助寄存器	00H	T0x12	T1x12	UART_M0x6	T2R	T2_C/$\overline{\text{T}}$	T2x12	EXTRAM	S1ST2
8FH	INT_CLKO	可编程时钟输出控制	00H		EX4	EX3	EX2	LVD_WAKE	T2CLKO	T1CLKO	T0CLKO
90H	P1	P1 口	FFH	P1.7	P1.6	P1.5	P1.4	P1.3	P1.2	P1.1	P1.0
91H	P1M1	P1 口模式配置 1	00H	P1M1.7	P1M1.6	P1M1.5	P1M1.4	P1M1.3	P1M1.2	P1M1.1	P1M1.0
92H	P1M0	P1 口模式配置 0	00H	P1M0.7	P1M0.6	P1M0.5	P1M0.4	P1M0.3	P1M0.2	P1M0.1	P1M0.0
93H	P0M1	P0 口模式配置 1	00H	P0M1.7	P0M1.6	P0M1.5	P0M1.4	P0M1.3	P0M1.2	P0M1.1	P0M1.0
94H	P0M0	P0 口模式配置 0	00H	P0M0.7	P0M0.6	P0M0.5	P0M0.4	P0M0.3	P0M0.2	P0M0.1	P0M0.0
95H	P2M1	P2 口模式配置 1	00H	P2M1.7	P2M1.6	P2M1.5	P2M1.4	P2M1.3	P2M1.2	P2M1.1	P2M1.0
96H	P2M0	P2 口模式配置 0	00H	P2M0.7	P2M0.6	P2M0.5	P2M0.4	P2M0.3	P2M0.2	P2M0.1	P2M0.0
97H	CLK_DIV	系统时钟分频	00H	MCK0_S1	MCK0_S0	ADRJ	Tx_Rx	-	CLKS2	CLKS1	CLKS0
98H	SCON	串行口 1 控制	00H	SM0/FE	SM1	SM2	REN	TB8	RB8	TI	RI
99H	SBUF	串行口 1 缓冲	xxH	串行口 1 收发数据缓冲器							
9AH	S2CON	串行口 2 控制	00H	S2SM0	-	S2SM2	REN	S2TB8	S2RB8	S2TI	S2RI
9BH	S2BUF	串行口 2 缓冲	xxH	串行口 2 收发数据缓冲器							
9DH	P1ASF	P1 模拟信号输入通道选择	00H	P17ASF	P16ASF	P15ASF	P14ASF	P13ASF	P12ASF	P11ASF	P10ASF
A0H	P2	P2 口	FFH	P2.7	P2.6	P2.5	P2.4	P2.3	P2.2	P2.1	P2.0

字节地址	SFR	寄存器名称	复位值	位地址/位符号							
				B7	B6	B5	B4	B3	B2	B1	B0
A1H	BUS_SPEED	片外扩展 RAM 总线管理	xxxx xx10							EXRTS[1:0]	
A2H	P_SW1	外设端口切换	00H	S1_S1	S1_S0	CCP_S1	CCP_S0	SPI_S1	SPI_S0	0	DPS
A8H	IE	中断允许控制	00H	EA	ELVD	EADC	ES	ET1	EX1	ET0	EX0
AAH	WKTCL	内部掉电唤醒定时器低位	FFH	内部掉电唤醒定时器状态的低 8 位							
ABH	WKTCH	内部掉电唤醒定时器高位	7FH	WKTEN	内部掉电唤醒定时器状态的高 7 位						
AFH	IE2	中断允许控制 2	x0H						ET2	ESPI	ES2
B0H	P3	P3 口	FFH	P3.7	P3.6	P3.5	P3.4	P3.3	P3.2	P3.1	P3.0
B1H	P3M1	P3 口模式配置 1	00H	P0M1.7	P3M1.6	P3M1.5	P3M1.4	P3M1.3	P3M1.2	P3M1.1	P3M1.0
B2H	P3M0	P3 口模式配置 0	00H	P3M0.7	P3M0.6	P3M0.5	P3M0.4	P3M0.3	P3M0.2	P3M0.1	P3M0.0
B3H	P4M1	P4 口模式配置 1	00H	P4M1.7	P4M1.6	P4M1.5	P4M1.4	P4M1.3	P4M1.2	P4M1.1	P4M1.0
B4H	P4M0	P4 口模式配置 0	00H	P4M0.7	P4M0.6	P4M0.5	P4M0.4	P4M0.3	P4M0.2	P4M0.1	P4M0.0
B5H	IP2	中断优先级控制 2	xxxx xx00	PPCA	PLVD	PADC	PS	PT1	PX1	PT0	PX0
B8H	IP	中断优先级控制	00H							PSPI	PS2
BAH	P_SW2	外设端口切换 2	xxxx xxx0								S2_S
BCH	ADC_CONTR	A/D 转换控制	00H								
BDH	ADC_RES	A/D 转换结果高位	00H	A/D 转换结果高 8 位							
BEH	ADC_RESL	A/D 转换结果低位	00H							A/D 转换结果低 2 位	
C0H	P4	P4 口	FFH	P4.7	P4.6	P4.5	P4.4	P4.3	P4.2	P4.1	P4.0
C1H	WDT_CONTR	看门狗控制	0x00 0000	WDT_FLAG		EN_WDT	CLR_WDT	IDLE_WDT	PS2	PS1	PS0
C2H	IAP_DATA	ISP/IAP 数据	FFH	IAP 数据缓冲							
C3H	IAP_ADDRH	ISP/IAP 地址高 8 位	00H	IAP 操作 EEPROM 地址高 8 位							
C4H	IAP_ADDRL	ISP/IAP 地址低 8 位	00H	IAP 操作 EEPROM 地址低 8 位							
C5H	IAP_CMD	ISP/IAP 命令	xxxx xx00							MS1	MS0
C6H	IAP_TRIG	ISP/IAP 命令触发	xxxx xxxx	接收触发控制字							
C7H	IAP_CONTR	ISP/IAP 控制	0000 x000	IAPEN	SWBS	SWRST	CMD_FAIL		WT2	WT1	WT0
C8H	P5	P5 口	xx11 xxxx			P5.5	P5.4				

字节地址	SFR	寄存器名称	复位值	位地址/位符号							
				B7	B6	B5	B4	B3	B2	B1	B0
C9H	P5M1	P5 口模式配置 1	xx00 0000			P5M1.5	P5M1.4				
CAH	P5M0	P5 口模式配置 0	xx00 0000			P5M0.5	P5M0.4				
CDH	SPSTAT	SPI 状态	00xx xxxx	SPIF	WCOL						
CEH	SPCTL	SPI 控制	04H	SSIG	SPEN	DORD	MSTR	CPOL	CPHA	SPR1	SPR0
CFH	SPDAT	SPI 数据	00H	SPI 数据							
D0H	PSW	程序状态字	00H	CY	AC	F0	RS1	RS0	OV	F1	P
D6H	T2H	T2 高 8 位	00H	定时器 T2 计数值的高 8 位							
D7H	T2L	T2 低 8 位	00H	定时器 T2 计数值的低 8 位							
D8H	CCON	PCA 控制	00xx 0000	CF	CR				CCF2	CCF 1	CCF0
D9H	CMOD	PCA 模式	0xxxx 000	CIDL				CPS 2	CPS1	CPS0	ECF
DAH	CCAPM0	PCA 模块 0 功能控制	x000 0000		ECOM0	CAPP0	CAPN0	MAT0	TOG0	PWM0	ECCF0
DBH	CCAPM1	PCA 模块 1 功能控制	x000 0000		ECOM1	CAPP1	CAPN1	MAT1	TOG1	PWM1	ECCF1
DCH	CCAPM2	PCA 模块 2 功能控制	x000 0000		ECOM2	CAPP2	CAPN2	MAT2	TOG2	PWM2	ECCF2
E0H	ACC	累加器	00H	累加器 A 的数据							
E9H	CL	PCA 的低位	00H	PCA16 位计数值的低 8 位							
EAH	CCAP0L	PCA 模块 0 比较/捕获寄存器低 8 位	00H	PCA 模块 0 比较/捕获状态低 8 位							
EBH	CCAP1L	PCA 模块 1 比较/捕获寄存器低 8 位	00H	PCA 模块 1 比较/捕获状态低 8 位							
ECH	CCAP2L	PCA 模块 2 比较/捕获寄存器低 8 位	00H	PCA 模块 2 比较/捕获状态低 8 位							
F0H	B	B 寄存器	00H	寄存器 B 的数据							
F2H	PCA_PWM0	PCA 模块 PWM 工作寄存器 0	00xx xx00	EBS0_1	EBS0_0					EPC0H	EPC0L
F3H	PCA_PWM1	PCA 模块 PWM 工作寄存器 1	00xx xx00	EBS1_1	EBS1_0					EPC1H	EPC1L
F4H	PCA_PWM2	PCA 模块 PWM 工作寄存器 2	00xx xx00	EBS2_1	EBS2_0					EPC2H	EPC2L
F9H	CH	PCA 的高位	00H	PCA16 位计数值的高 8 位							

字节地址	SFR	寄存器名称	复位值	位地址/位符号							
				B7	B6	B5	B4	B3	B2	B1	B0
FAH	CCAP0H	PCA 模块 0 比较/捕获寄存器高 8 位	00H	PCA 模块 0 比较/捕获状态高 8 位							
FBH	CCAP1H	PCA 模块 1 比较/捕获寄存器高 8 位	00H	PCA 模块 1 比较/捕获状态高 8 位							
FCH	CCAP2H	PCA 模块 2 比较/捕获寄存器高 8 位	00H	PCA 模块 2 比较/捕获状态高 8 位							

附录 B　C51 运算符

运算符	功　能	示　例	结合性	优先级	类型
( )	括号	函数名(参数列表)	自左向右	1	基本运算符
[ ]	数组元素	数组名[常量]			
.	成员选择(对象)	对象.成员			
->	成员选择(指针)	对象指针->成员			
++	自加	变量++	自右向左	2	单目运算符
——	自减	变量——			
—	取负	—			
~	取反	~表达式			
!	逻辑非	!表达式			
&	取地址	&变量名			
*	取内容	*指针变量			
(类型)	强制类型转换	(数据类型)表达式			
sizeof	长度	sizeof(表达式)			
*	乘法	表达式*表达式	自左向右	3	算术运算符
/	除法	表达式/非零表达式			
%	求余	表达式%非零整数表达式			
+	加法	表达式+表达式			
—	减法	表达式—表达式		4	
<<	左移	<<n,按位左移 n 位	自左向右	5	位操作运算符
>>	右移	>>n,按位右移 n 位			
>	大于	表达式>表达式	自左向右	6	关系运算符
>=	大于等于	表达式>=表达式			
<	小于	表达式<表达式			
<=	小于等于	表达式<=表达式			
==	等于	表达式==表达式	自左向右	7	
!=	不等于	表达式!=表达式			

续表

运算符	功　能	示　例	结合性	优先级	类型
&	位与	表达式 & 表达式	自左向右	8	位运算符
ˆ	位异或	表达式ˆ表达式		9	
|	位或	表达式|表达式		10	
&&	与	条件式1&& 条件式2	自左向右	11	逻辑运算符
||	或	条件式1||条件式2		12	
?:	条件	条件式? 表达式:表达式	自右向左	13	条件运算符
=	赋值	变量=表达式	自右向左	14	赋值运算符
+=	先加后赋值	变量+=表达式			复合赋值运算符
−=	先减后赋值	变量−=表达式			
*=	先乘后赋值	变量*=表达式			
/=	先除后赋值	变量/=非零表达式			
%=	求余后赋值	整行变量%=非零整形			
<<=	左移后赋值	<<=n,按位左移n位赋值			
>>=	右移后赋值	>>=n,按位右移n位赋值			
&=	位与后赋值	变量 &=表达式			
ˆ=	位异或后赋值	变量ˆ=表达式			
|=	位或后赋值	变量|=表达式			
,	逗号	表达式1,表达式2	自左向右	15	逗号运算符

附录C C51常用库函数头文件

ctype.h(字符函数库)

函数名	函数原型	功能描述	返回值
isalpha	bit isalpha(unsigned charc)	测试c是否为英文字母	若c是英文字母,则返回1,否则返回0
isalnum	bit isalnum(unsigned charc)	测试c是否是英文字母或数字	若c是英文字母或数字,则返回1,否则返回0
iscntrl	bit iscntrl(unsigned charc)	测试c是否是控制字符(0x00~0x1F 或 0x7F)	若c是控制字符,则返回1,否则返回0
isdigit	bit isdigit(unsigned charc)	测试c是否是一个十进制数	若c是十进制数,则返回1,否则返回0
isgraph	bit isgraph(unsigned char c)	测试c是否是一个非空格的可打印字符	若c是非空格的打印字符,则返回1,否则返回0
isprint	bitisprint(unsigned char c)	测试c是否是一个可打印字符	若c是一个可打印字符,则返回1,否则返回0
ispunct	bit ispunct(unsigned char c)	测试c是否是一个标点符号字符	若c是一个标点符号,则返回1,否则返回0
islower	bit islower(unsigned char c)	测试c是否是一个小写字母字符	若c是一个小写字母字符,则返回1,否则返回0
isupper	bit isupper(unsigned charc)	测试c是否是一个大写字母字符	若c是一个大写字母字符,则返回1,否则返回0
isspace	bit isspace(unsigned char c)	测试c是否是一个空白字符	若c是一个空白字符,则返回1,否则返回0
isxdigit	bit isxdigit(unsigned charc)	测试c是否是一个十六进制数	若c是一个十六进制数,则返回1,否则返回0
tolower	unsigned char tolower (unsigned char c)	将c转换成一个小写字符	返回c的小写字符
toupper	unsigned char toupper (unsigned char c)	将c转换成一个大写字符	返回c的大写字符
toint	unsigned char toint (unsigned charc)	解释c为十六进制值	返回 c 的十六进制ASCII 值
_tolower	#define _tolower(c) ((c)-'A'+'a')	宏定义,转换c的小写	返回c的小写

函数名	函数原型	功能描述	返回值
_toupper	# define _ toupper (c) ((c)-′ a′ +′ A′)	宏定义,转换 c 的大写	返回 c 的大写
toascii	# define toascii(c) ((c) & 0x7F)	宏定义,转换 7 位 ASCII 字符	返回 c 的 7 位 ASCII 字符

intrins. h(本征库函数)

函数名	函数原型	功能描述	返回值
lrol	unsigned int _ lrol _ (unsigned int val, unsigned char n);	将长整数 val 循环左移 n 位	val 循环左移 n 位后的值
lror	unsigned int _lror_ (unsigned int val, unsigned char n);	将长整数 val 循环右移 n 位	val 循环右移 n 位后的值
nop	void _nop_ (void);	一个 NOP 指令,延迟	无
testbit	bit _testbit_ (bit x);	测试一个位,如果该位值为 1,则将该位复位为 0。_testbit_只能用于可直接寻址的位,在表达式中是不允许使用的	当 x 为 1 时,返回 1,否则返回 0
crol	unsigned char _ crol _ (unsigned char val, unsigned char n)	将字符型 val 循环左移 n 位	val 循环左移 n 位后的值
cror	unsigned char _ cror _ (unsigned char val, unsigned char n);	将字符型 val 循环右移 n 位	val 循环右移 n 位后的值
irol	unsigned int _irol_ (unsigned int val, unsigned char n);	将整数型 val 循环左移 n 位	val 循环左移 n 位后的值
iror	unsigned int _iror_ (unsigned int val, unsigned char n);	将整数型 val 循环右移 n 位	val 循环右移 n 位后的值

stdio. h(输入/输出函数)

函数名	函数原型	功能描述	返回值
getchar	char getchar(void);	从标准输入设备读取下一个字符	若成功,则返回所读字符,若文件结束或出错,则返回-1
putchar	char putchar(char c);	将字符 c 输出到标准输出设备	若成功,则返回输出的字符 c,若出错,则返回 EOF
_getkey	char _getkey (void);	等待从串口接收字符	接收到的字符
ungetchar	char ungetchar (char);	将字符 c 放回到输入流	若成功,则返回字符 c,若出错,则返回 EOF

函数名	函 数 原 型	功 能 描 述	返 回 值
printf	int printf (const char * , ...);	格式化一系列字符串和数值,将输出表列的值输出到标准输出设备	若成功,则返回输出字符的个数,若出错,则返回负数
sprintf	int sprintf (char * buffer, const char * , ...);	格式化一系列字符串和数值,并将结果字符串保存在 buffer 中	若成功,则返回实际写入 buffer 的值,若失败,则返回负数
gets	char * gets (char * , int n);	调用 getchar 函数读一行字符到 string	返回 string
scanf	int scanf (const char * , ...);	在格式控制下,利用 getchar 读入数据	若成功,则返回转换的输入域的数目,若出错,则返回 EOF
sscanf	int sscanf (char * , const char * , ...);	将格式化的字符串和数据送入数据缓冲区	成功返回转换的输入域的数目,出错返回 EOF
puts	int puts (const char *);	将字符串's'和换行符'\n'写入到输出流	若成功,则返回 0,若出错,则返回 EOF

math.h(数学函数库)

函数名	函 数 原 型	功 能 描 述	返 回 值
abs	intabs(int x);	计算整型 x 的绝对值	返回计算结果
fabs	floatfabs (float val);	计算浮点型 val 的绝对值	返回计算结果
sqrt	floatsqrt (float val);	计算浮点数 val 的平方根	返回计算结果
exp	float exp(float val);	计算浮点数 val 的指数	返回计算结果
log	float log(float val);	计算浮点数 val 的自然对数(以 e 为底)	返回计算结果
log10	float log10 (float val);	计算浮点数 val 以 10 为底的对数值	返回计算结果
sin	float sin(float val);	计算浮点数 val 的正弦值	返回计算结果
cos	float cos(float val);	计算浮点数 val 的余弦值	返回计算结果
tan	floattan(float val);	计算浮点数 val 的正切值	返回计算结果
asin	float asin(float val);	计算浮点数 val 的反正弦值	返回计算结果
acos	float acos(float val);	计算浮点数 val 的反余弦值	返回计算结果
atan	float atan(float val);	计算浮点数 val 的反正切值	返回计算结果
sinh	float sinh(float val);	计算浮点数 val 的双曲正弦	返回计算结果
cosh	float cosh(float val);	计算浮点数 val 的双曲余弦	返回计算结果

函数名	函 数 原 型	功 能 描 述	返 回 值
tanh	float tanh(float val);	计算浮点数 val 的双曲正切	返回计算结果
arctan2	float arctan2 (float y,float x);	计算浮点数 y/x 的反正切	返回计算结果
ceil	floatceil(float val);	计算大于或等于 val 的最小整数	返回浮点型的最小整数
floor	floatfloor (float val);	返回不大于 val 的最大整数	返回浮点型的最大整数
modf	float modf(float val,float * n);	将双精度数 val 分解为整数部分和小数部分,将整数部分存放到 n 指向的单元	返回 val 的小数部分
fmod	float fmod(float x,float y);	求整除 x/y 的余数	返回浮点型的余数
pow	floatpow(float x,float y);	计算 xy 的值	返回计算结果

参 考 文 献

[1] 宏晶科技.STC15F2K60S2 单片机用户手册.http://www.stcmcu.com.

[2] 陈青,刘丽.单片机技术与应用——基于仿真与工程实践[M].武汉:华中科技大学出版社,2018.

[3] 徐爱钧,徐阳.STC15 单片机原理与应用[M].北京:高等教育出版社,2016.

[4] 丁向荣.单片微机原理与接口技术——基于 STC15 系列单片机[M].第 2 版.北京:电子工业出版社,2018.

[5] 李永建,王福元,陈中,王春娥.单片机原理与接口技术[M].北京:清华大学出版社,2021.

[6] 潘志铭,钟世达.智能小车系统设计——基于 STC32[M].北京:电子工业出版社,2021.

[7] 邓筠,陈崇辉,王智东.单片机技术与接口应用——基于 STC15W4K32S4 单片机 C 语言编程[M].北京:清华大学出版社,2022.

[8] 冯良,郭书军,朱青建.基于 Proteus 的单片机设计与调试[M].北京:电子工业出版社,2023.

[9] 何乐生,周永录,葛孚华,等.基于 STM32 的嵌入式系统原理及应用[M].北京:科学出版社,2021.